FÄRBUNG VON ZINKBLECH

Vorschriften und Erfahrungen

Sonderdruck aus dem Handbuch
„Die Metallfärbung“ von Georg Buchner,
selbständiger öffentlicher Chemiker, München

Verlag: M. Krayn, Berlin W 35

Mit Zustimmung des Verfassers hergestellt 1933 im Auftrag des Zinkwalzwerksverbandes m. b. H., Berlin NW 6

Inhaltsverzeichnis.

(Die fortlaufenden Nummern der Färbevorschriften sind den nachstehend genannten Färbeverfahren in Klammern beigesetzt.)

Seite

1. **Wesen und Zweck der Metallfärbung** 5
2. **Die chemische Metallfärbung** 6
3. **Allgemeine Grundsätze für die Färbung von Zink** 7
4. **Vorbereitung der Zinkoberfläche zum Färben** 9
5. **Mechanische Reinigung der Zinkoberfläche** 9
   Entfetten 10
   Elektrolytische Entfettung 11
6. **Chemische Reinigung der Zinkoberfläche** 11
   a) Tauchbeizen 11
   Mattieren 12
   b) Anstrichbeizen 12
   c) Behandlung der abgebeizten Zinkgegenstände 13
7. **Arbeitsweise beim Färben** 13
8. **Niederschläge anderer Metalle auf Zink ohne äußere Stromquelle**
   (Tauch-, Sud-, Streich-, Anreibe- und Kontakt-Verfahren) 14
   I. Kupferniederschlag auf Zink 14
   a) Kupfer-Ammoniak-Verfahren (1 und 2) 14
   b) Kupfer-Tartrat-Verfahren (3—5) 14
   c) Kupfer-Zyan-Verfahren (6—9) 15
   II. Zinn-Niederschlag aut Zink (10—12) 16
   III. Messingähnliche Färbungen auf Zink (13—20) 17
   IV. Tombakähnliche Färbungen auf Zink (21) . . 19
   V. Bronzefarbige Tönung auf Zink (22 und 23) . . 19
   VI. Goldniederschlag auf Zink (24—26) 20
   VII. Silberniederschlag auf Zink (27—32) 21
9. **Färbungen durch chemische Einwirkung auf die Zinkoberfläche** . 23
   Besondere Verfahren zum Färben von Zink:
   a) Indirekte Färbungen 23
   Bronzieren, galvanisches 23
   Braunfärben (33—37) 24

Seite

b) Direkte Färbungen 25
Graufärben (Altzink) (38—42) 25
Bronzefärbung (43—46) 26
Braunfärbung (47—50) 26
Dunkelblaufärbung (51) 27
Schwarzfärbung (52—70) 27
Tinten zum Schreiben auf Zink (71—75) 32
Grüngraue Patina (76) 33
Grüne Patina (77—79) 33
Lüsterfarben (80—83) 34
Färben durch Molybdän (84) 36
Marmorierung (85) 37
Färbung von vernickeltem graviertem Zinkblech (86) . 37
Zierfärbungen 37

10. **Mechanische Metallfärbungen** 38
Färben mit gefärbten Lacken (87) 38
Goldlack (88—96) 41
Kupferbronze (97 und 98) 42
Grüne Bronze (99) 42
Färben von Zinkguß (100) 43
Bakelite-Färbungen (101) 44

11. **Behandlung der gefärbten Gegenstände** (Spülen, Trocknen, Lackieren usw.) 44

12. **Wirtschaftlichkeit der Nachbehandlung** 46

13. **Gesundheitsschutz bei der Metallfärbung** 46

Anhang mit Ergänzungen zu den Vorschriften 1, 5, 18, 33, 38, 42, 43, 52, 69, 76, 77, 80, 84, 85 und weiteren Färbevorschriften 47

1. Wesen und Zweck der Metallfärbung.

Mit Metallfärbung, im engeren Sinne, bezeichnet man heute eine Oberflächenfärbung der Metalle oder Legierungen auf chemischem oder elektrochemischem Wege oder auch durch geeignete mechanische Behandlung, z. B. durchscheinende, farbige Lacke, u. a. unter Wahrung des Metallcharakters.

Die Metallfärbung ist imstande, die Metallerzeugnisse dem Zeitgeschmacke entsprechend mit allen möglichen Farben zu versehen, und erhöht dadurch ihre Verkäuflichkeit. Sie bewirkt teils eine Erhöhung oder Abschwächung der natürlichen Farbe und des Glanzes eines Metalles, teils eine Verschönerung der ursprünglich weniger vorteilhaften Metallfarbe, teils erzeugt sie auch oft verschiedene Farben auf einer Metalloberfläche (sog. Zierfärbungen). Die Metallfärbung bildet somit einen wichtigen Teil der gewerblichen, kunstgewerblichen, industriellen und künstlerischen Metallverarbeitung.

Anderseits will man durch die Metallfärbung auch die Metalloberfläche vor Veränderungen durch die Atmosphärilien, so durch die wasser- und kohlensäurehaltige Luft, schwefelhaltige Gase usw. schützen, oder Schutzschichten, die sich im Laufe der Zeit durch äußere Einflüsse von selbst bilden, von vornherein künstlich auf chemischem Wege erzeugen. Wenn auch die Metallfärbung in manchen Fällen als Metallschutz dienen kann, so bildet heute der Korrosionsschutz der Metalle ein eigenes Arbeitsgebiet, welches nicht zur Metallfärbung gehört und über besondere Verfahren verfügt.

Man unterscheidet zwei Gruppen von Metallfärbungsverfahren: die chemischen und die mechanischen.

Die chemische Metallfärbung wird durch chemische bzw. elektrochemische Vorgänge bewirkt; bei der mechanischen

Metallfärbung findet die farbige Veränderung der Metalloberfläche lediglich durch mechanisches Aufbringen von geeigneten Stoffen statt.

2. Die chemische Metallfärbung.

Sie erfüllt die Forderung der Materialechtheit; sie wahrt bei richtiger Ausführung und Nachbehandlung den Metallcharakter und ist daher, sofern sie auch technisch vollwertig ist, den mitunter angewandten Schutz- und Zieranstrichen mit Farben- und Bronzepulvern vorzuziehen. Sie ist ein chemischer bzw. elektrochemischer Prozeß, bei welchem die oberflächlich liegenden Metallteilchen eines Gegenstandes durch geeignete Mittel in anders gefärbte Verbindungen übergeführt oder mit dünnen Schichten andersfarbiger Metalle oder Verbindungen bedeckt werden. Der eigentlichen chemischen Metallfärbung folgt zumeist noch eine mechanische Nachbehandlung zur Erzielung optischer Homogenität der oft locker aufsitzenden Metallverbindungen.

Zur chemischen Metallfärbung zählt man:

a) dünne Beläge aus Metall, das aus geeigneten Metallsalzlösungen abgeschieden wird, wobei Eintauch-, Kontakt-, Anreibe-, Ansiede-Verfahren oder auch direkte elektrolytische (sog. galvanische) Verfahren angewandt werden;

b) Färbungen, bei denen die Metalloberfläche chemisch oder elektrochemisch durch Zufuhr von nichtmetallischen Elementen oder solchen Verbindungen wie z. B. Sauerstoff, Schwefel, Kohlensäure usw. in entsprechend gefärbte Verbindungen übergeführt wird;

c) Oberflächenfärbungen, bei welchen eine festhaftende Ablagerung farbiger, vielfach kolloidaler Stoffteilchen aus einer geeigneten Lösung auf chemischem oder elektrochemischem Wege stattfindet. Hierzu gehört auch die galvanische Metallfärbung (auch Metallfärbung durch Elektrolyse, Metallchromie, Galvanochromie genannt), bei der die Färbung unter Mitwirkung des elektrischen Stromes erfolgt (kathodisch oder anodisch);

d) Einwirkungen, durch welche die Zusammensetzung einer Legierung oberflächlich verändert und damit eine Farbenveränderung bewirkt wird.

Von einer indirekten oder mittelbaren Metallfärbung spricht man, wenn ein Metall, z. B. Zink, zuerst verkupfert und dann der erhaltene Kupferüberzug schwarz gefärbt wird.

3. Allgemeine Grundsätze für die Färbung von Zink.

Das metallische Zink, das im frischen Zustande bläulich-weiß ist, bedeckt sich an der Luft infolge der Einwirkung der wasser- und kohlensäurehaltigen Atmosphäre mit einer mattgrauen Schicht von basisch kohlensaurem Zink. — Dieser festhaftende Überzug, der auch im Freien durch Wetter und Wind wenig angegriffen wird, stellt eine gute Korrosionsschutzschicht für das Zink dar. Sofern die Farbe dieser Schutzschicht den ästhetischen Bedürfnissen nicht entspricht, muß man zur Metallfärbung schreiten.

Zur direkten Färbung ist das Zink weniger geeignet, da es an sich keine farbigen Verbindungen bildet, welche in der Metallfärbung benützt werden könnten. In der Metallwarenherstellung verwendet man als Korrosionsschutz und zugleich Färbung oft eine nicht zu dünne Verkupferung auf elektrolytischem Wege (sog. galvanische Verkupferung). Sie schützt das Zink, solange der Kupferniederschlag unverletzt bleibt, so daß das Zink vollkommen damit bedeckt ist. Diese Kupferauflage kann dann beliebig weiter gefärbt werden. Ist die Kupferschicht verletzt, liegt also das Zink stellenweise frei, dann wird das Zink durch die entstehenden lokalen, elektrischen Ströme stärker angegriffen, als wenn es nicht verkupfert wäre.

Neben den — sicheren Rostschutz gewährenden — elektrolytischen, sog. galvanischen Metallüberzügen, welche nicht Gegenstand dieser Ausführungen sind, kommt auch die mechanische Metallfärbung, insbesondere auch das Bakelitverfahren (siehe Vorschrift 101), als Schutz in Betracht. Außer den galvanischen Verfahren lassen sich auf Zink farbige Stoffteilchen, insbesondere fein verteilte Metalle und deren Verbindungen, in Form fest haftender Oberflächenschichten aus geeigneten Metallsalzlösungen ablagern[1]).

Die Färbung von Zink kommt in Betracht für Erzeugnisse aus Zinkguß und für Erzeugnisse, die durch mechanische Weiterverarbeitung aus Zinkblech hergestellt werden.

Für die letzteren, die hier hauptsächlich behandelt werden sollen, sind die wichtigsten Absatzgebiete:

a) das Bauwesen, also die Verarbeitung durch Blechner, Flaschner, Klempner, Spengler,

---

[1]) Siehe 8. Abschnitt: Tauch-, Streich-, Anreibe-Verfahren usw.

b) die verschiedenartigen Massenartikel, die vornehmlich auf der Drückbank und auf der Tiefziehpresse hergestellt werden.

Zu der unter a) genannten Gruppe des Bauwesens gehören Dachdeckungen, Wandbekleidungen, Rinnen, Abfallrohre und die zahlreichen anderen Blechverwahrungen des Hochbaues, ferner auch verschiedene Einzelteile, die werkstattmäßig hergestellt und fertig versetzt werden, wie Buchstaben, Leuchtschriften, Behälter aller Art usw. Kennzeichnend ist es, daß diese Gegenstände im Gegensatz zu den unter b) genannten Metallwaren im Freien verlegt werden, lange halten sollen und im allgemeinen nicht aus unmittelbarer Nähe betrachtet werden. Man wird daher bei ihrer Färbung andere Verfahren anzuwenden haben als bei den unter b) genannten Massenwaren, die meist dem täglichen Gebrauch dienen und wegen ihrer feineren mechanischen Bearbeitung auch eine sorgfältigere Oberflächenbehandlung verdienen.

Bei den unter a) genannten Bauteilen verzichtet man heute fast durchweg auf eine Färbung und überläßt die Zinkoberfläche den Einflüssen der Witterung, die schon nach kurzer Zeit die bekannte mattgraue Schutzschicht bildet. Für Zinkbuchstaben verwendet man häufig nach entsprechender Vorbehandlung des Zinkmetalles Farbanstriche, die nicht als Metallfärbung im engeren Sinne des Wortes zu betrachten sind, da der metallische Charakter der Oberfläche verloren geht.

Hieraus ergibt sich, daß die Zinkfärbung, soweit es sich um billige Verfahren handelt, mittels derer dauerhafte und eventuell korrosionsschützende Überzüge hergestellt werden können, im Bauwesen zahlreiche, unbeackerte Gebiete vorfindet. Insbesondere könnte hier die materialechte Färbung in die Fußtapfen der Metallprägung treten, deren Erzeugnisse (Schuppenbleche usw.) vor einigen Jahrzehnten wohl hochmodern waren, aber dem heutigen Zeitgeschmack in keiner Weise mehr entsprechen.

Die Färbung von Zink, wie überhaupt die Metallfärbung, setzt eine gewisse Übung voraus, bei den komplizierteren Verfahren auch wissenschaftliche Vorkenntnisse. Wer gute Ergebnisse erzielen will, muß sich ihr mit Fleiß und Aufmerksamkeit widmen. Nie gehe man ohne entsprechende Vorversuche an die Ausführung einer Arbeit, die man einem Auftraggeber anbietet oder die man bereits übernommen hat. Die Vorbereitung der zu färbenden Oberfläche und ihre eventuelle Nachbehandlung nach dem Färben sind mit ebensolcher Sorgfalt durchzuführen wie das Färben selbst; kleine Unachtsamkeiten, wie versehentliches Anfassen der unfertigen Ware mit bloßen Fingern, können den Erfolg der Arbeit gefährden. Wer gute geschmackvolle Metallfärbungen zustande bringt, hebt den Kultur- und Verkaufswert seiner Ware und findet dankbare Abnehmer.

4. Vorbereitung der Zinkoberfläche zum Färben.

Vorbedingung für das Gelingen jeder chemischen Metallärbung ist die vollständige, gleichmäßige Reinheit der Metalloberfläche von Schmutz, Fett, Oxydschichten usw., welche sich durch die vorangehenden Herstellungsarbeiten ergeben. Insbesondere sei darauf aufmerksam gemacht, daß die auf den ersten Blick blank erscheinenden handelsüblichen Zinkbleche vom Walzvorgang her meist eine fettige Oberfläche haben, die vor dem Färben unbedingt entfettet werden muß.

Die Reinigung der Zinkoberfläche geht am besten der Metallfärbung unmittelbar voraus, damit nicht wieder durch Berührung mit den Händen, Einwirkung der Luft usw., die blanke Metalloberfläche verändert wird. Die Färbungsflüssigkeiten greifen die Metalloberfläche nur dann gleichmäßig an, wenn diese nicht ganz oder stellenweise von einer Oxydschicht bedeckt oder durch eine wenn auch noch so dünne Fettschicht geschützt ist. Solche unreine Stellen bleiben ungefärbt, und das Ganze erscheint dann fleckig.

Bei der Reinigung bzw. bei dem Abbeizen der Zinkoberfläche muß man auch berücksichtigen, ob man die gefärbte Oberfläche glänzend oder matt erscheinen lassen will. Auch Verschiedenheiten in der mechanischen Bearbeitung der Oberfläche beeinflussen die Färbung. Die bei den Vorbereitungsarbeiten anzuwendende Sorgfalt hängt von dem gewünschten Endergebnis der Färbung ab; die Vorarbeiten für die Färbung eines Zinkdaches werden naturgemäß nie so sorgfältig ausgeführt werden müssen wie die für die Färbung eines Gegenstandes, der seinen Platz auf dem Schreibtisch finden soll.

5. Mechanische Reinigung der Zinkoberfläche.

Sie soll Staub, Schmutz und Oxydschichten, besonders auch aus den vertieften Stellen, entfernen und so für die nachfolgende chemische Reinigung eine möglichst reine, gleichmäßige Oberfläche schaffen. Man bearbeitet die Gegenstände nach Bedarf mit härteren oder weicheren Borsten-, Stahldraht- oder Messingdraht-

Bürsten mit oder ohne Zuhilfenahme feinerer Pulver von Sand, Bimsstein, Schmirgel, Kalk usw. Das Bürsten geschieht mit der Hand oder mit rotierenden Bürsten mit Fuß- oder Maschinenantrieb. Für Massenartikel benutzt man rotierende Fässer (Scheuertrommeln), die mit der Ware, Wasser, Sand oder Schmirgel beschickt werden.

Zum Polieren benutzt man Wildleder, Tuch, Filz oder den Schwabbel unter gleichzeitiger Anwendung von mit Fett oder Ölsäure gemengten Polierpulvern wie z. B. Eisenoxyd, Wiener Kalk, Kreide usw. — Zum mechanischen Mattieren benutzt man Sandstrahlgebläse.

Entfetten.

a) Kleinere Gegenstände entfettet man am schnellsten durch öfteres Eintauchen in Äther, Benzin oder sonst ein gutes Lösungsmittel für Fette, z. B. Petroleum-Äther, Benzol, Tetrachlorkohlenstoff, Trichloräthylen, „P 3 spezial"[2]) (das für andere Metalle benutzte Mittel „P 3" vermeide man, da es Zink zu stark korrodiert) und läßt sie hernach an der Luft trocknen. Einige dieser Flüssigkeiten sind feuergefährlich. — Sehr wirksam entfettet man mit einem Brei von Wiener Kalk, in dem man die Ware bürstet und dann kräftig abspült.

b) Größere Gegenstände kocht oder bürstet man in einer Lösung von Soda oder Pottasche (1 Teil auf 10 Teile Wasser) oder behandelt sie kurze Zeit mit einer schwachen Ätznatronlösung (1 : 20). Hierbei wird das anhängende Fett emulsioniert und verseift und dadurch in Lösung gebracht. Die noch anhängende Natronlösung und die entstandene Seifenlösung wird hernach in viel reinem Wasser (am besten Regenwasser) abgespült.

Beim Entfetten ist darauf zu achten, daß der Gegenstand auch überall von der entfettenden Lösung berührt wird, und daß keine Luft in Hohlräumen eingeschlossen bleibt, welche das Eindringen der Lösung verhindert.

---

[2]) Das Präparat „P 3 spezial" der Firma Henkel & Cie. in Düsseldorf greift das Zink nicht an. Man benützt eine Lösung, welche in 1 l Wasser 20 bis 50 g P 3 spezial enthält und auf ungefähr 40° C erwärmt ist. Mit dieser Lösung werden die Zinkgegenstände abgebürstet und sodann mit heißem Wasser nachgespült. — Einem weiteren Präparate, P 3 K, wird eine noch stärkere Reinigungskraft zugeschrieben, doch ist dieses Präparat für die Haut der Arbeiter nicht ohne Einwirkung. (Chromathaltig.) Bei der Verwendung dieses Präparates darf die Haut der Arbeiter nicht mit der Lösung in Berührung kommen. In den meisten Fällen wird das Präparat P 3 spezial vollkommen genügen.

Da man nach dem Entfetten die Gegenstände nicht mehr mit den Händen berühren darf, so hängt man sie zweckmäßig an Zinkdrähte oder verzinkte Drähte oder faßt sie mit Holzzangen an.

Als Zeichen der richtigen Entfettung muß die Zinkoberfläche an allen Stellen das Wasser leicht annehmen.

Elektrolytische Entfettung.

Bei dieser werden die Gegenstände, insbesondere Massenartikel, an Drähten oder in Sieben als Kathode in ein galvanisches Bad gebracht, das aus 10 %iger Natrium- oder besser Kaliumkarbonat-Lösung besteht; als Anoden dienen Eisenbleche. Der an den Waren entstehende Wasserstoff perlt in feinen Bläschen auf und befördert neben der verseifenden Wirkung der Lauge das Abheben der Fettschicht von der Metalloberfläche. Die Spannung des Bades regelt man so, daß an den Waren eine kräftige Gasentwicklung stattfindet.

6. Chemische Reinigung der Zinkoberfläche.

Sie dient vor allem zur Entfernung der Oxydschichten, also zur Herstellung einer metallisch reinen Oberfläche. Man nennt diesen Vorgang meistens Beizen.

a. Tauchbeizen.

Ist die auf dem Zink vorhandene Schutzschicht von basischem Zinkkarbonat nur sehr schwach, das Zink also nur angelaufen, so genügt zur Entfernung ein öfteres Eintauchen in ein Gemisch von 10—20 Teilen Wasser und 1 Teil konzentrierter Schwefelsäure, denn diese graue Haut ist schon in verdünnten Säuren leicht löslich. Handelt es sich aber um die Entfernung einer etwas stärkeren Schicht, welche ein längeres Verweilen des Gegenstandes in der verdünnten Säure notwendig machen würde, so nimmt man, da auch das Zink selbst in diesen verdünnten Säuren leicht löslich ist, stärkere Säuren, welche leicht die Oxydschicht, schwieriger aber das unterliegende Zink selbst angreifen.

Am besten verwendet man ein erkaltetes Gemisch aus 10 Gewichtsteilen konzentrierter Schwefelsäure und 10 Gewichtsteilen Salpetersäure von 36° Bé. Bei Herstellung dieses Gemisches läßt man die abgewogene Menge Schwefelsäure langsam und unter Umrühren in die Salpetersäure fließen. Da hierbei starke Erwärmung stattfindet, so verwendet man das Gemisch nach dem Abkühlen.

In dieses Gemisch taucht man nun die Zinkgegenstände mittels einer hölzernen Zange 1—2 Sekunden ein, worauf man sie dann sofort in einem nebenstehenden Behälter mit viel reinem Wasser abspült, um sie von dem Säureüberschuß zu befreien. Dieses Spülwasser muß natürlich öfters gewechselt, d. h. durch neues ersetzt werden, damit sich nicht bei fortgesetztem Arbeiten die Säure darin anhäufe und die Zinkgegenstände angreife.

Die so abgebeizten Gegenstände müssen jetzt ganz weiß und glänzend sein; wäre dies nicht der Fall, so müßte man das Beizen der zuvor abgetrockneten Gegenstände wiederholen. Nach längerem Gebrauch wird dieses zum Beizen benutzte Säuregemisch infolge der Auflösung des Zinks natürlich schwächer an Säure, dafür immer reicher an Zinksalz, was man an dem Mattwerden, dem Erscheinen eines Kristallgefüges, der abgebeizten Zinkgegenstände bemerkt. Man verstärkt dann die Beize durch Zusatz von konzentrierter Schwefelsäure oder nimmt gleich eine neue Mischung.

Will man verkupfertes Zink wieder blank machen, so taucht man dasselbe in Salpetersäure, bis der Gegenstand schwarz geworden, und bringt ihn dann in obiges Gemisch.

Mattieren.

Will man die Zinkoberfläche mattieren, so taucht man den zuerst blank gebeizten, also durch obiges Säuregemisch gegangenen Gegenstand in eine Beize von salpetersaurem Zink. Letztere stellt man her, indem man Zink (Abfälle von Zinkblech) in Salpetersäure auflöst, bis letztere davon nichts mehr aufnimmt; darauf säuert man schwach mit Salpetersäure an. Zur Herstellung dieser Mattierungsflüssigkeit kann man sich auch alter Zinkbeizen bedienen, in denen die Gegenstände nicht mehr glänzend werden, indem man denselben noch Zink bis zur Sättigung zusetzt und mit Salpetersäure ansäuert.

b. Anstrichbeizen.

Während dieses Beizen des Zinkes bei kleinen und mittleren Gegenständen mit Leichtigkeit vor sich geht, so bietet dasselbe bei größeren Gegenständen einige Schwierigkeit wegen des Eintauchens. Für solche Zwecke empfiehlt Lüdersdorf eine Lösung von weinsteinsaurem Kaliumammonium. Diese

Lösung greift das metallische Zink fast gar nicht an, löst aber das Suboxyd, wenn auch nicht auf, so doch ab. Man bereitet diese Lösung, indem man 250 g Weinstein in 1 Liter Wasser gibt, auf ca. 80° C erwärmt und dann so lange kohlensaures Ammonium einträgt, bis auch nach wiederholtem Umrühren kein Aufbrausen mehr erfolgt. Man braucht ca. 100 g kohlensaures Ammonium. Mit dieser Lösung überstreicht man größere Gegenstände mit Hilfe eines Pinsels, läßt einige Zeit einwirken und reibt dann mittels eines Schwammes, einer Bürste oder eines Lappens, den man in ein breiartiges Gemisch von Wasser und Schlämmkreide getaucht hat, ab. Zuletzt spült man mit Wasser ab.

c. Behandlung der abgebeizten Zinkgegenstände.

Am besten bringt man die abgebeizten Zinkgegenstände nach wiederholtem Abspülen gleich zum Färben. Ist dies nicht möglich, dann legt man sie, um ein Anlaufen zu verhindern, zweckmäßig in eine Lösung von 5 g Weinstein oder auch Kaliumbisulfat in 1 Liter Wasser. Direkt vor der Färbung taucht man die Gegenstände vorteilhaft in eine Mischung aus gleichen Teilen Weingeist und Wasser, wodurch ein leichteres Benetzen und Anhaften der Färbungsflüssigkeit und eine Entfernung der anhängenden Luftbläschen bewirkt wird. — Große Gegenstände reibt man, wenn sie nicht gleich gefärbt werden können, mit einem reinen fettfreien Tuche trocken.

7. Arbeitsweise beim Färben.

Die Arbeitsweise bei der Metallfärbung ist äußerst verschieden und aus den, bei den einzelnen Verfahren gemachten Angaben ersichtlich. Entweder werden die Metallgegenstände erhitzt und mit entsprechenden, chemisch wirksamen Stoffen versehen, oder die Färbungsflüssigkeiten werden auf die blanken Metalloberflächen mit dem Schwamme aufgetragen oder aufgepinselt, angerieben, aufgebürstet, übergossen, aufgespritzt, oder die Metalle werden in die kalten oder die erwärmten Lösungen getaucht oder eingehängt, bis die gewünschte Färbung aufgetreten ist (Ansieden usw.). Für die Massenmetallfärbung wird auch maschinelle Behandlung, die Spritztechnik und das Rollfaßverfahren angewandt. Man kann auch die Metallwaren über mit Färbungsflüssigkeit getränkte Filzscheiben langsam hinüberführen.

8. Niederschläge anderer Metalle auf Zink ohne äußere Stromquelle.

Tauch-, Sud-, Streich-, Anreibe- und Kontaktverfahren.

I. Kupfer-Niederschlag auf Zink.

Zinkgegenstände lassen sich durch bloßes Eintauchen in Lösungen komplexer Kupfersalze schön und gleichmäßig, dabei auch festhaftend und dauerhaft verkupfern.

a. Kupfer-Ammoniak-Verfahren.

1. Man benützt eine Lösung von 10 g Kupfervitriol in 190 g Wasser und 10 g Salmiakgeist (0,91 sp. Gew.). Diese Lösung eignet sich gut zum Verkupfern von Zinkbedachungen, Dachrinnen u. dgl. (Streichverkupferung oder Kupferstreiche genannt). (Siehe Anhang.)

2. Besonders schöne Resultate erhält man, wenn man zu dieser Lösung pro Liter ca. 80 g Weinsäure zusetzt und dann Salmiakgeist, bis sie eben schwach alkalisch geworden.

Anpinseln, mit dem Schwamm auftragen, anbürsten oder tauchen. Die erhaltenen Verkupferungen sind gut zu waschen und in Sägespänen oder auf andere geeignete Weise trocken zu reiben, dann mit der Wachsbürste zu behandeln. Trockenreiben ist notwendig, da sonst Braunfärbung durch Oxydation eintritt.

b. Kupfertartratverfahren.

3. Weil gibt für Tauchverkupferung von Zink folgende Lösung an:

Man löst 150 g Kaliumnatriumtartrat (Seignettesalz) und 80 g 60 %iges Ätznatron in 400 g Wasser, gießt in diese Lösung eine solche von 30 g Kupfervitriol in 400 g Wasser und verdünnt sodann zu 1 l. Das Weilsche Bad ist auf 85—95° C zu erwärmen.

4. Nach der von Lüdersdorff angegebenen, von Langbein abgeänderten Vorschrift werden in 10 l Wasser, welches auf ca. 60° C erwärmt wurde, 1 kg gereinigter, gepulverter Weinstein (Kaliumbitartrat) und 300 g käufliches kohlensaures Kupfer eingetragen und so lange auf der oben angegebenen Temperatur erhalten, bis die von der Zersetzung des kohlensauren Kupfers herrührende Kohlensäureentwicklung aufgehört hat; nun fügt man so lange in kleinen Anteilen und unter beständigem Umrühren reinen kohlensauren Kalk hinzu, bis auf weiteren Zusatz kein Aufbrausen mehr

stattfindet. Man hat jetzt eine ca. 1,8 % Kupfer enthaltende Flüssigkeit von weinsaurem Kupferkalium und einen Bodensatz von weinsaurem Kalk. Man filtriert nun ab; die ca. 10 l betragende Flüssigkeit dient zum Verkupfern von Zink durch bloßes Eintauchen. Man legt die gereinigten Gegenstände einfach in die Flüssigkeit, so daß dieselben ganz damit bedeckt sind. Der Niederschlag erfolgt sogleich und nimmt im Verlaufe von einigen Minuten mehr und mehr an Farbe zu, bis endlich das Maximum erreicht ist, d. h. bis die Kupferfarbe am schönsten ist. Vor Eintritt dieses Punktes soll man den Gegenstand nicht herausnehmen. Mit dieser Verkupferungsflüssigkeit kann man auch durch Anreiben verkupfern, man braucht sie dann nur mit Schlämmkreide zu mischen, so daß ein flüssiger Brei entsteht. Neuerdings setzt Langbein dieser Zusammensetzung für 10 l 50 g Ätznatron und 30 g reines Zyankalium zu.

5. J. Heß gibt an Stelle der vorstehenden Lösung folgende Verkupferungsflüssigkeit für Zink an:

227 g gepulverter Weinstein werden mit
286 g kristallisierter Soda in 1 l Wasser gelöst und zu dieser Lösung nach und nach eine solche von 126 g Kupfervitriol in 1 l Wasser zugegeben. Man läßt den nun entstandenen hellbläulich-grünen Niederschlag absetzen, gießt soviel als möglich die überstehende Flüssigkeit ab und fügt zu dem, den Niederschlag bildenden weinsauren Kupfer ½ l Ätznatronlösung von 16° Bé. Die lasurblaue Flüssigkeit dient als Verkupferung. (Siehe Anhang.)

c. Kupferzyanverfahren (Vorsicht, sehr giftig!)

Sehr schöne Verkupferungen erhält man mit den zyanhaltigen Zusammensetzungen. Diese Lösungen enthalten das komplexe Kupfersalz Kuprokaliumzyanid, in welchem die Konzentration der Metallionen gering ist.

Im allgemeinen kann jede stark alkalische Zyankupferlösung zur direkten Verkupferung von Zink angewandt werden, sofern sie geringe Mengen freies Zyankalium enthält und auf ca. 90° C erwärmt wird. Empfehlenswert sind folgende Lösungen:

6. Man löst einerseits: 200 g Kupfervitriol in 800 g Wasser und setzt 200 g Salmiakgeist hinzu. Anderseits löst man: 160 g Zyankalium, 200 g Natriumsulfit in 640 g Wasser und setzt 300 g Natronlauge zu. Beide Lösungen werden gemischt. Ohne Salmiakgeist verkupfert die Lösung nicht.

7. Die ursprüngliche Angabe von B a c c o lautet: Man nimmt eine k a l t g e s ä t t i g t e K u p f e r v i t r i o l l ö s u n g (40 Teile Kupfervitriol auf 100 Teile Wasser) und fügt eine Lösung von Z y a n k a l i u m zu, bis sich der zuerst entstandene Niederschlag wieder gelöst hat. D a s i c h h i e r b e i B l a u s ä u r e resp. Z y a n entwickelt, m u ß m a n d i e s e O p e r a t i o n i m F r e i e n o d e r u n t e r e i n e m g u t z i e h e n d e n K a m i n a u s f ü h r e n. Zu der klaren Flüssigkeit setzt man dann den zehnten Teil ihres Volumens S a l m i a k g e i s t hinzu und verdünnt mit Wasser, daß die Dichte der Lösung 8° Bé beträgt.

Das Bad wird auf ca. 90° C erwärmt. In dem Maße, als sich Zink löst, wird nach einigem Gebrauche die Verkupferung gelblich, aus dem Kupferbad wird ein Messingbad.

8. Will man Zink n u r s t e l l e n w e i s e durch Kupfer färben, so kann man durch A n r e i b e n verkupfern. Man bedient sich mit Vorteil nachstehender Zusammensetzung:

10 T e i l e K u p f e r v i t r i o l, gelöst in
50 T e i l e n W a s s e r, gemischt mit
13 „ Z y a n k a l i u m in
50 „ W a s s e r,

verdickt mit 100 Teilen weißem Ton.

9. Durch Zusammenschmelzen von Kupfervitriol, Zyankalium, Ätznatron zu gleichen Teilen mit etwas Wasserzusatz erhält man nach dem Erkalten eine feste Masse, mit der sich durch Anreiben auf dem befeuchteten Zink eine schöne Verkupferung herstellen läßt.

II. Zinn-Niederschlag auf Zink.

10. Zum V e r z i n n e n v o n Z i n k durch E i n t a u c h e n oder A n r e i b e n bedient man sich nach Lüdersdorff folgender Vorschrift:

Man erhitzt ein Gemisch von 20 T e i l e n g e p u l v e r t e m W e i n s t e i n, 10 T e i l e n Z i n n c h l o r ü r und 50 T e i l e n W a s s e r einige Zeit, d. h. bis zur vollständigen Lösung, auf ca. 60° C. Legt man die Zinkgegenstände in diese Lösung, so nehmen sie nach wenigen Sekunden ein graues mißfarbiges Aussehen an, und dies ist der Zeitpunkt, die Operation zu beendigen. Man nimmt heraus und reibt oder bürstet die Gegenstände, ohne vorher abzuspülen, solange, bis dieselben vollkommen weiß und glänzend erscheinen. Es ist dies in wenigen Minuten geschehen, und die Gegenstände erscheinen dann mit einem fast silberweißen Überzuge versehen.

11. Man kann auch gleich durch Anreiben einen Zinnüberzug herstellen, indem man die Zinnlösung mit so viel reinem Sande versetzt, daß sie einen flüssigen Brei bildet und mit diesem die Gegenstände abreibt oder bürstet. Auch hier erfolgt der erste Anfall des Zinns mit grauer Farbe, die jedoch unter dem Reiben gleich wieder verschwindet.

12. Nach Wegeler stellt man sich eine Lösung her von 1 Teil konzentrierter Zinnchlorürlösung und 10 Teilen Wasser. In diese Lösung bringt man die blanken Objekte 10—15 Minuten bei gewöhnlicher Temperatur. Ist der Gegenstand auf diese Weise verzinnt, so wird er nach dem Abspülen mit Wasser und Abbürsten mit der Stahlbürste getrocknet und evtl. noch mit Schlämmkreide geputzt.

III. Messingähnliche Färbung auf Zink.

Die Herstellung eines Messing-Niederschlages auf Zink ohne äußere Stromquelle ist wegen der Ausfällungsverhältnisse der beiden Metalle eine kaum auszuführende Sache. Wenn wir in nachstehendem auch eine Reihe von Vorschriften geben, mit denen man eine messingähnliche Färbung erzielen kann, so benützt man für diese Zwecke doch besser die galvanischen Messingbäder[3]).

13. Nach Bacco benützt man eine Lösung von gleichen Teilen Kupfervitriol und Zinkvitriol und setzt derselben soviel Zyankaliumlösung (vorsichtig im Freien oder unter einem Abzug, da Zyan entweicht) zu, bis der zuerst entstandene Niederschlag sich wieder gelöst hat. Dann fügt man der Lösung den zehnten Teil ihres Volumens Salmiakgeist hinzu und verdünnt mit Wasser, bis das Ganze eine Dichte von 8° Bé zeigt. In diese Lösung legt man die gehörig vorbereiteten Zinkgegenstände, läßt sie 24 Stunden darin liegen, nimmt dann heraus, spült mit Wasser ab, wischt sie ab, worauf sie so glänzend sind, als ob sie poliert wären. Der Niederschlag haftet so fest, daß er kräftiges Reiben und selbst den Polierstahl verträgt.

Will man hellere Töne, so nimmt man statt gleichen Teilen Kupfer- und Zinkvitriol ein Teil von ersterem und zwei Teile von letzterem.

---

[3]) Siehe Georg Buchner, Elektrolytische Metallabscheidungen. M. Krayn, Berlin 1923, und Steinach-Buchner-Wogrinz, Die galvanischen Metallniederschläge. M. Krayn, Berlin 1923.

14. Nach Lüdersdorff erhält man auf Zink eine schöne Messingfarbe, wenn man der zum Verkupfern des Zinks dienenden Flüssigkeit (siehe Vorschrift 4) 3—10 % Salmiak zusetzt, mit Kreide und Sand verdickt und anreibt. Bei 3 % Salmiak entsteht eine Tombakfarbe, bei Zusatz von 10 % reines Messinggelb. Der erste Anfall erfolgt hier mit dunkelbrauner Farbe, und diese verschwindet erst nach und nach unter dem Reiben. Besonders anfangs weicht der dunklere Anlauf schwierig; hat indes die Schicht der Legierung etwas an Dicke zugenommen, so läßt er sich leichter anreiben, indem das dunkelfärbende Oxyd sich unter dem Reiben reduziert und als Legierung auf dem Zink befestigt. Man hat hierbei darauf zu achten, daß man weder zu viel noch zu wenig von dem Bronzierungsmittel anwendet. Wenn z. B. nach einer Minute fortgesetzten Reibens die Messingfarbe noch nicht zum Vorschein gekommen ist, woraus hervorgeht, daß man zu reichlich aufgetragen hat, so muß man dann bloß mit einem Brei von Kreide, Sand und einer schwachen Lösung von neutralem weinsauren Kalium weiter reiben, bis eine reine, vollkommene metallische Farbe auftritt.

15. Anstatt der oben erwähnten Flüssigkeit kann man auch eine Mischung von 1 Teil gesättigter Kupferazetatlösung, 3 Teilen Salmiaklösung oder von 10 Teilen gesättigter Ammoniumchloridlösung, 1 Teil kohlensaurem Kupfer, Kreide und Sand zum Anreiben verwenden. Je nach Zusatz einer Lösung von neutralem weinsauren Kalium kann man den Ton der Legierung nuancieren. Diese Methode gibt gute Resultate beim Anreiben.

16. In nachstehender Flüssigkeit schlägt sich nach Lüdersdorff auf Zinkgegenständen, wenn diese 2—3 Minuten in der Lösung verweilen, ein Überzug von warmer Messingfarbe nieder: 1 Teil Kupfervitriol, 1 Teil gereinigter Weinstein, 24 Teile Wasser werden zusammen bis nahezu zum Kochen erhitzt und dann zur Lösung des entstandenen, blaugrünen Niederschlages von weinsaurem Kupfer mit 24 Teilen Natronlauge von 28° Bé versetzt (hergestellt durch Lösen von 1 Teil Ätznatron und 3 Teilen Wasser) und dann noch 48 Teile einer Lösung von weinsaurem Kalium zugefügt. Wenn man die Gegenstände zu lange in der Flüssigkeit läßt, so erhält man einen Mißton, den man durch Abreiben mit Kreide beseitigt. Dann werden die Gegenstände sorgfältig abgespült. Natürlich kann man, statt Kupfervitriol und Weinstein zu kochen, gleich von vornherein weinsaures Kupfer anwenden.

Statt 1 Teil Kupfervitriol wären dann 1,1 Teile weinsaures Kupfer zu nehmen.

17. Will man die letztbeschriebene Flüssigkeit zum Anreiben benützen, so ändert man dieselbe ab wie folgt: 1 Teil Kupfervitriol, 1 Teil Weinstein, 12 Teile Wasser, 12 Teile Natronlauge, 24 Teile weinsaure Kaliumlösung. So erhält man eine Tombakfarbe; setzt man noch 12 Teile Lauge zu, so ist die Färbung dem Messing entsprechend. Das Anreiben geschieht mit Kreide und mit nur wenig Sand. Anfangs entsteht eine Anlauffarbe, die aber beim Reiben, wenn man nicht schon abgespült hat, wieder verschwindet.

Diese von Lüdersdorff angegebenen Verfahren sind bei richtiger Ausführung als Färbeverfahren vollständig brauchbar. Hauptsache ist starkes Reiben mit einem reinen, wollenen Tuche.

18. Messing- bis tombakähnliche Färbung auf Zink erhält man mit der sogenannten Kupferstreiche (siehe Vorschrift 1) und Bearbeiten des erhaltenen Kupferüberzuges mit der Messingbürste. (Siehe Anhang.)

19. Vermessingen nach D. R. P. 128319. — Darlay ließ sich als Autovolt-Messingbad folgende Zusammensetzung patentieren, das Messingfärbung von angenehmer Farbe und Glanz liefert: Wasser 1 l, Kupfersulfat 4 g, Zinksulfat 10 g, Zyankalium 12,5 g, Ätznatron 15 g. Nach Langbein geht das Bad nur, wenn 60 %iges Zyankalium genommen wird.

20. Messinggelbfärbung von Zink erhält man auch sehr schön durch das Molybdänverfahren (siehe Vorschrift 84).

IV. Tombakähnliche Färbung von Zink.

21. Tombakfärbung erhält man am besten durch kupferreiche galvanische Messingbäder (siehe auch: Georg Buchner, Elektrolytische Metallabscheidungen, M. Krayn, Berlin 1923, und Steinach-Buchner, Galvanische Metallniederschläge, M. Krayn, Berlin 1923).

V. Bronzefarbige Tönung auf Zink.

Von dem Bronzeniederschlag gilt dasselbe, was bei messingähnlicher Färbung (siehe III. Abschnitt) gesagt wurde. Nachstehende Vorschriften beziehen sich nur auf bronzeähnliche (Kupfer-Zinn)färbungen.

22. Wenn man nach Lüdersdorff 1 Teil Zinnchlorid, 24 Teile Wasser und 12 Teile Weinstein erhitzt und

dann mit Kreide neutralisiert, so erhält man nach dem Erkalten eine Flüssigkeit, welche, mit der in Vorschrift 4 beschriebenen Verkupferungsflüssigkeit aus Kupferkaliumtartrat gemischt und angerieben, auf Zink schöne Bronzetöne gibt. Doch gelingt es hier schwieriger, als bei Herstellung einer Messingfärbung, eine reine Farbe zu erhalten.

23. Nach Beutel erhält man messing- und bronzefarbige Töne auf Zink durch Anbürsten einer Lösung von: 60 g Kupfervitriol, 60 g Weinsäure, 60 g Salmiakgeist und 30 g Chlorammonium in 1 l Wasser, mit Messingbürsten.

VI. Gold-Niederschlag auf Zink.

24. Gegenstände aus Zink werden mit nachstehender Mischung vergoldet, die man mit einem Pinsel aufträgt. Den so überzogenen Gegenstand braucht man alsdann nur zu waschen und zu bürsten.

20 g Goldchlorid löst man in 20 g destilliertem Wasser und fügt eine Lösung von 60 g Zyankalium in 80 g Wasser zu, rührt einige Male um und filtriert[4]); dann mengt man die klare Lösung mit 100 g feiner Kreide und 5 g Weinstein, und zwar setzt man die Flüssigkeit langsam der Kreidemischung und nur so viel zu, bis ein Brei entstanden ist, der sich mit einem Pinsel auftragen läßt. Diese zyankaliumhaltigen Lösungen sind sehr giftig, daher ist besondere Vorsicht geboten! Nicht mit den Händen in Berührung bringen!

25. Durch bloßes Eintauchen kann man leicht vergolden mit einer Lösung von 5 g Goldchlorid und 400 g pyrophosphorsaurem Natrium in 5 l Wasser.

Am besten wird zur Vergoldung das Zink vorher verkupfert. Alle mit Pyrophosphaten hergestellten Lösungen vergolden leicht und schön, solange sie frisch hergestellt sind, zersetzen sich aber bald. Eine Rotvergoldung ist durch diese Tauchverfahren nicht zu erreichen. Man kann die Goldfarbe bei dem Tauchverfahren nuancieren durch die Verwendung einer röteren Metallunterlage, z. B. Kupfer.

26. Als Anreibevergoldung gibt folgende Zusammensetzung gute Resultate: 20 g Goldchlorid, 40—60 g Zyankalium,

---

[4]) Die Lösung enthält das komplexe Goldsalz Auro-Kaliumzyanid, das zu einem geringen Betrage ionisiert ist.

5 g Weinstein, 100 g Wasser, 100 g Schlämmkreide. Wird mit wollenen Lappen aufgerieben. (Lederner Handschuh!)

VII. Silber-Niederschlag auf Zink.

27. Zink wird durch Auftragen nachstehender Zusammensetzung versilbert: Man löst 10 g salpetersaures Silber in 50 g destilliertem Wasser auf, setzt eine Lösung von 25 g Zyankalium in 50 g destilliertem Wasser hinzu, rührt das Gemisch um und filtriert. Sodann mischt man 100 g Schlämmkreide mit 10 g Weinsteinpulver und benetzt dieses Gemisch mit so viel obiger Lösung, als zur Erzielung einer breiigen Masse erforderlich ist, welche mit dem Pinsel aufgetragen werden kann. Nach dem Auftrocknen spült man ab und trocknet. Die Einhaltung der Verhältnisse zwischen Silbersalz und Zyankalium ist notwendig. Würde man weniger Zyankalium nehmen, würde sich das Silber zu schnell niederschlagen, der Niederschlag eine grauschwarze Farbe annehmen und nur schwach anhaften; bei Anwendung von mehr Zyankalium könnte sich der zuerst entstehende dünne Überzug von Silber wieder lösen. Die Lösung enthält das komplexe Silberkaliumzyanid, das zu einem geringen Betrage ionisiert ist.

28. 17 g salpetersaures Silber löst man in 500 g Wasser auf, gibt die Lösung zu einer Lösung von 25 g reinem Zyankalium in 500 g Wasser und taucht dann in obiges Bad ein. Man wendet am besten das Bad warm an, damit der Niederschlag nicht zu langsam erfolgt.

29. Einen schönen Silberüberzug liefert auch folgende Lösung: 10 g salpetersaures Silber werden in Wasser gelöst und mit Salzsäure Chlorsilber ausgefällt; man wäscht aus, gießt dann das über dem Chlorsilber befindliche Wasser ab, löst in 70 g Salmiakgeist, setzt dann 40 g reines Zyankalium, 40 g kristallisierte Soda, 15 g Kochsalz zu und so viel destilliertes Wasser, daß das Ganze 1 l beträgt.

30. Man bereitet einen Teig aus Chlorsilber (gefällt aus 25 g salpetersaurem Silber), Weinsteinpulver 1250 g, Kochsalz 1250 g, indem man die Silbersalzlösung mit Salzsäure fällt, das Chlorsilber auswäscht und mit den angegebenen Mengen Weinsteinpulver, Kochsalz und Wasser zu einem Brei mischt, den man in einem dunklen Glase zur Vermeidung der Zersetzung des Chlorsilbers durch das Licht aufbewahren muß. Sollen kleine Artikel versilbert werden, so erhitzt man in einem emaillierten Kesselchen von 3—5 l Inhalt destilliertes Wasser zum Sieden, gibt 2—3 ge-

häufte Eßlöffel voll Teig hinzu, der sich teilweise auflöst, und bringt nun das die Metallobjekte enthaltende Steinzeugsieb in den Weißsud, wobei man die Objekte mit einem Glas- oder Holzstabe fleißig umrührt. Ehe man eine neue Menge Waren in den Sud bringt, muß der Silberteigzusatz erneuert werden.

31. Verfahren zur Erzeugung von Silberüberzügen auf Metallen oder Metallegierungen durch Eintauchen oder Anreiben nach D. R. P. Nr. 289 701 vom 6. November 1913. — Anwendung einer angefeuchteten Mischung, einer Paste bzw. einer teilweisen Lösung, welche neben den bekannten wirksamen Bestandteilen, Chlorsilber oder dessen Ausgangsmaterial, Silbernitrat, ferner den bekannten Alkalisalzen und organischen Säuren oder organischen sauren Salzen noch Antimon- oder Wismutsalz enthält.

Ein für das Eintauchverfahren geeignetes antimonhaltiges Gemisch enthält z. B. 8,25 g Salmiak, 1,25 g Weinsäure, 1,25 g Chlorsilber, 3 g Brechweinstein, 25 g Wasser. Für das Anreibeverfahren werden noch 11,25 g Zinnasche als Putzmaterial zugesetzt. Die entstehende Silberschicht hat namentlich bei Anwesenheit von Antimonverbindungen meist ohne jede weitere Politur den schönsten Spiegelglanz.

32. Anreibeversilberung und Verzinnung nach D. R. P. 189 879 von Langer, Duisburg-Meiderich.

Man verwendet eine Paste aus: 5 % Zinkstaub, 0,4 % Chlorsilber, 12 % Kochsalz, 0,9 % Zinnsalz, 20 % Weinstein, 51,7 % Schlämmkreide. In dem Hauptpatent Nr. 118 922, wobei durch Zusatz von Chlor abgebenden Substanzen, wie Eisenchlorid, Kupferchlorid, Zinnchlorid oder deren Verbindungen, welche das Chlorsilber unverändert erhalten, mit und ohne Beimengung von Putzmitteln (Schlämmkreide, Ton, Ammoniak usw.) relativ sehr wirksame und haltbare Versilberungsgemische hergestellt werden sollen, ist ein Verfahren zur Erzeugung eines Silberüberzuges auf metallischen Gegenständen beschrieben, bei welchem eine Mischung von Chlorsilber mit Alkalisalzen und reduzierbaren Metallchloriden verwendet wird. Es hat sich gezeigt, daß in diesen Mischungen die Alkalisalze ganz oder teilweise durch die Halogenverbindungen, besonders die Chloride der Erdalkalimetalle, der Metalle der Magnesium- bzw. Aluminiumgruppe mit Vorteil ersetzt werden können. Durch diesen vollständigen oder teilweisen Ersatz wird eine Erhöhung der versilbernden Wirkung des Gemisches erreicht. (D. R. P. 122 908 vom 8. Mai 1900; Zusatz zum Patent 118 922. Chr. Göttig, Wilmersdorf b. Berlin.)

9. Färbungen durch chemische Einwirkungen auf die Zinkoberfläche.

Wie schon erwähnt, bildet das Zink keine farbigen Verbindungen, welche sich leicht unter den für die Metallfärbung möglichen Bedingungen bilden lassen. Man benutzt jedoch die Fähigkeit des Zinks, andere Stoffe und besonders Metalle in fein verteiltem Zustande aus ihren Lösungen in Form festhaftender Schichten auf sich niederzuschlagen. Dabei bilden sich oft sogenannte amorphe Legierungen eines Metalles mit dem Zink, auch werden des öfteren die ausfallenden, fein verteilten Metalle durch nachherige Behandlung (indirekte Verfahren) oder durch gewisse Zusätze gleichzeitig oder direkt in gefärbte Verbindungen, z. B. Oxyde, umgewandelt.

So werden z. B. folgende Stoffe, insbesondere Metalle, durch Zink aus ihren Salzlösungen ausgeschieden und auf der Zinkoberfläche abgelagert: Arsen, Antimon, Selen, Tellur, Wismut, Cadmium, Zinn, Blei, Kobalt, Molybdän, Nickel, Kupfer, Quecksilber, Silber, Gold, Platin, Palladium, Rhodium, Iridium und Osmium.

In der Praxis werden vorzugsweise Kupfer-, Antimon-, Nickel-, Eisen-, Platin- und Mangansalzlösungen, auch Selen- und Molybdänverbindungen zur Färbung von Zink benützt.

Besondere Verfahren zum Färben von Zink.

a. Indirekte Färbungen.

Für solide kunstgewerbliche Arbeiten kommen die elektrolytischen sogenannten galvanischen Überzüge, z. B. Verkupferung, in Betracht (sogenanntes galvanisches Bronzieren). Man ist heute für die Massengalvanisation auch kleinster Metallwaren bestens eingerichtet.

Man verkupfert hierbei zuerst im alkalischen Kupferbad, bis das Zink gut mit Kupfer bedeckt ist und verstärkt dann den Niederschlag im sauren Kupferbade bis zur gewünschten Dicke der Kupferschicht. Die Kupferschicht kann dann weiter gefärbt werden. Für kleinere Massenartikel und auch für Bauteile, z. B. Dachrinnen usw., genügen zumeist die Tauch- oder Anreibeverfahren, besonders für leichte Verkupferung oder messingähnliche Färbung. Diese Tauch- und Anreibeverfahren (siehe 8. Abschnitt) geben nur dünne Überzüge oder messingartige Färbungen, die sich zum nachherigen Weiterfärben oder als Korrosionsschutz nicht in allen Fällen eignen.

33. Braunfärbung von Zink, sogenanntes Zinkbraun. Wenn man Zink nach dem Kupfer-Ammoniakverfahren (sogenannte Kupferstreiche, siehe Vorschriften 1 und 2) verkupfert, so färbt sich das Kupfer an der Luft bald braun (Oxydation durch den Luftsauerstoff). Man kann diese Braunfärbung sofort bewirken, wenn man die Verkupferung mit nachstehender Patinierungsflüssigkeit schwach befeuchtet und langsam eintrocknen läßt. Die Behandlung wiederholt man einige Male. Es bildet sich ein dunkelbrauner Ton, den man nach dem Abwaschen und Trocknen mit der Wachsbürste bearbeiten kann. Die Patinierungsflüssigkeit stellt man her, indem man in einem Liter Wasser 250 g Chlorammonium und 250 g kohlensaures Ammonium auflöst. (Siehe Anhang.)

34. Das mehr der eigentlichen Bronze ähnliche Aussehen wird den blanken verkupferten oder vermessingten Gegenständen gegeben durch Betupfen mit einer weichen Bürste oder einem weichen Leinwandlappen, welche in eine Lösung von 30 g Ammoniumchlorid, 8 g Kleesalz in 1 bis 1½ l Essig getaucht werden; diese Operation wird öfters wiederholt, bis eben der Gegenstand eine dunkle Bronzefärbung angenommen hat.

35. Man pinselt eine Lösung von Kupferchlorid auf, spült nach der Einwirkung ab und trocknet. Läßt man dann auf der entstandenen Färbung eine verdünnte Lösung von Kupferchlorid eintrocknen, so erhält man eine schöne Farbe. Die Gegenstände laufen in der kalten Lösung langsam an; man erhält bronzebraune Farbe, zuletzt schönes dunkles, festhaftendes Schwarz.

36. Verkupfertes Zink wird schön braun gefärbt durch das sogenannte Braunbad: In 1 l Wasser löst man auf: 25 g Kupfervitriol, 25 g Nickelsulfat, 12 g chlorsaures Kalium und 7 g übermangansaures Kalium. Diese Lösung wird heiß angewandt. Man kann tauchen, übergießen, anbürsten usw.

37. Nach Elsner verfährt man folgendermaßen zur Braunfärbung: Den Gegenstand aus Zink oder Zinklegierung reinigt man mit verdünnter Salzsäure und später mit Wasser, taucht ihn in eine Auflösung von Kupferchlorid und erwärmt ihn über Kohlenfeuer. Verschiedene Temperatur und verschiedene Konzentration der Kupfersalzlösung, sowie Zusatz von Salpetersäure oder Ätzammoniak, modifizieren die Resultate. (Überstreicht man die Gegenstände dann mit der Kupferlösung und läßt diese an einem luftigen, nicht feuchten Orte eintrocknen, so überziehen sich die Gegenstände mit grüner Patina.)

b. Direkte Färbungen.

Silberweiß: dünner Silber- oder Zinnüberzug.

Rot: Verkupferung.

Gelb: Vergoldung, messingähnliche Färbungen (siehe auch bei Molybdänverfahren, Vorschrift 84).

Graufärben von Zink (Altzink).

38. Eine dem alten, oxydierten Zink ähnliche Färbung erhält man auf folgende Weise: Man taucht je nach dem gewünschten Farbenton in eine verdünntere oder konzentriertere Eisenchloridlösung kürzere oder längere Zeit ein, wäscht ab und trocknet. (Siehe Anhang.)

39. Man löst in ½ l Wasser (kochend) 15 g Chromalaun und 15 g unterschwefligsaures Natrium, mischt mit 25 g Schwefelsäure, filtriert, senkt die Zinkgegenstände in die 65—80° C warme Lösung ein. Nach Erzielung des gewünschten Farbentones werden die Gegenstände abgespült und getrocknet.

40. Man nuanciert durch Bürsten die Schwarzfärbungen.

41. Zink mit sogenanntem Grauglanzoxyd zu überziehen: Man erzeugt auf Zink einen Arsenikniederschlag in einem erwärmten galvanischen Bade, wobei die Anoden aus Platin oder Messingblech, Stahlblech, auch Kohlenplatten bestehen[5]). Das Bad besteht aus: 50 g arseniger Säure, 20 g pyrophosphorsaurem Natrium, 50 g Zyankalium 98 %, 1 l Wasser. — Das pyrophosphorsaure Natrium und das Zyankalium werden in 1 l Wasser gelöst, die arsenige Säure unter Umrühren zugefügt und bis zu deren Lösung erwärmt, wobei (Vorsicht! Abzug!) blausäurehaltige Dämpfe entweichen. Das Bad arbeitet am besten warm und erfordert einen Strom von 4 Volt Spannung. Die Waren färben sich anfangs blauschwarz, werden dunkler und beginnen zu irisieren, bevor sie den eigentlichen schwarzen Ton erhalten. (Auf Hochglanz polierte Waren erscheinen schwarz, matte Waren grau.) Der die Färbung bewirkende Arsenüberzug verträgt nicht das Zaponieren, da sonst Fleckigwerden eintritt, wohl aber farblosen Spirituslack.

42. Man hat auch das Selen zur Metallfärbung herangezogen. Alle Metalle, von Zink bis zu Silber, also nicht Gold, Platin, Palladium, fällen das Selen aus der mit Schwefelsäure versetzten

[5]) Siehe auch Georg Buchner, „Elektrolytische Metallabscheidungen“, M. Krayn, Berlin 1923, und Steinach-Buchner-Wogrinz, „Galvanische Metallniederschläge“, M. Krayn, Berlin 1923.

Lösung der selenigen Säure. Auf Zink setzt eine mit Salzsäure versetzte selenige Säurelösung Selen als dunkelkupferrote Haut ab. In einer mit Salzsäure angesäuerten verdünnten Lösung der selenigen Säure färbt sich Zink hell gelbbraun. Mit einer warmen Lösung aus 2,0 g Kupfervitriol, 0,6 g seleniger Säure, 100 g Wasser, 10 Tropfen Salpetersäure (1,185) erhält man schöne, festhaftende, dunkel-grauschwarze Färbung. (Siehe Anhang.)

43. Zink und verzinkte Eisenwaren nach Art des Altkupfers oder der Altbronze zu färben: Nach Kirchhoff & Co. wird hier so verfahren wie bei der älteren Kupferfärbung, indem man trockene Pulver von Blutstein und Eisenglanz oder Rotstein, Spießglanz oder Graphit mit verdünnter Salzsäure anrührt und den Brei auf die Metallflächen aufträgt. Nach zwölfstündiger Einwirkung bürstet man mit der Wachsbürste. (Siehe Anhang.)

44. Messing- und bronzefarbige Töne erhält man durch kräftiges Aufbürsten einer Lösung, welche in 1 l Wasser 60 g Kupfervitriol, 60 g Salmiakgeist und 60 g Weinsäure, sowie 25 g Chlorammonium enthält. Es entsteht zuerst eine dünne Verkupferung, welche beim starken Bürsten mit dem Zink eine messingähnliche Legierungsschicht bildet.

45. Eine schöne, bronzeähnliche Färbung erhält man, wenn man öfters eine mit Essigsäure angesäuerte, verdünnte Lösung von essigsaurem Kupfer aufträgt und eintrocknen läßt.

46. Durch Eintauchen des Zinks in eine Lösung, welche in einem Liter 60 g Nickel-Ammonsulfat und 60 g Chlorammonium gelöst enthält, erhält man festhaftende dunkle Färbung durch Bildung von amorphem Nickelzink. Durch Behandlung dieser Färbung mit der Kratz- oder Messingbürste erhält man schöne Bronzefärbung.

Braune Färbungen.

47. Eine Lösung von 50 g Kupersulfat, 50 g Salmiakgeist (0,91), 25 g Ammoniumchlorid in 1 l Wasser liefert beim Aufbürsten schöne braune Töne (Verkupferung, sogenanntes Zinkbraun).

48. Man bestreicht mit einer Lösung von 2 g Eisen- und 2 g Kupfervitriol in 20 Teilen Wasser, läßt trocknen und bestreicht dann mit einer Lösung von 4 Teilen Grünspan in 11 Teilen Essig. Dadurch nimmt Zink einen eigentümlich braunen Farbenton an, welcher durch Polieren mit Englischrot in eine warme Bronzefarbe übergeht.

49. Eine helle, kupferartige Bronzierung wird erzielt, wenn man blanke Zinkgegenstände mit Kupfervitriollösung bestreicht und, ohne abzutrocknen, durch längere Zeit mit weichem Lappen reibt, bis Glanz zum Vorschein kommt; an Stellen, welche den Kupferglanz in höherem Grade zeigen sollen, wiederholt man die Operation ein oder mehrere Male. Durch Auftragen einer Lösung von Kupferchlorid in Ammoniak bildet sich dann je nach der Temperatur der Flüssigkeit eine Bronzierung von hellbrauner bis dunkelbrauner Farbe, dabei muß auch der Gegenstand selbst erwärmt werden. Nach dem jedesmaligen Auftragen der Lösung und Trocknen derselben wird der Gegenstand getrocknet und gebürstet, dann abgespült.

50. Je nachdem man verschiedene Kupfersalze anwendet, kann man verschiedene Bronzierungen erhalten. Löst man z. B. Kupferchlorid in Essig auf, so erhält man eine Bronzierung von gelbbrauner Farbe; durch Anwendung eines Gemisches von 15 Teilen Grünspan und 20 Teilen Weinstein nebst soviel Wasser, daß Lösung entsteht, erhält man wieder eine andere Nuancierung; man trägt die Masse entweder mit dem Pinsel als Lösung auf oder verwandelt dieselbe durch Zusatz von Pfeifenton in einen gut streichbaren Brei.

Durch Bearbeitung der Färbungen mit der Messingbürste erhält man hellere Nuancen. Bei diesen Verfahren erhält man zuerst einen dünnen Kupferüberzug, der sich dann legiert; daneben bildet sich Kupferchlorür, das sich im Lichte dunkel färbt (nachdunkeln).

Dunkelblau auf Zink.

51. Man taucht in eine Lösung, die in 1 l Wasser 60 g Nickelammoniumsulfat und 60 g Chlorammonium enthält. Die Zinkgegenstände färben sich beim Eintauchen zuerst dunkelgelb, dann braun, purpurviolett, indigoblau und zuletzt schwarzblau. Bei zu langem Eintauchen erhält man graustichige Töne. Die Färbung ist festhaftend und verträgt leichtes Putzen ganz gut. Die Färbung besteht ganz ähnlich der mit einer Kupferlösung bewirkten Schwarzfärbung durch amorphes Kupferzink aus schwarzem amorphen Nickelzink.

Schwarzfärben von Zink. (Zinkschwarz, Chloratbeize.)

52. Nachstehendes Verfahren spielt für die Färbung von Zinkwaren, z. B. Zifferblätter und Skalen, von Zinkblech, Schnallen und Schließen u. dgl. eine große Rolle und gibt ausgezeichnete

Resultate. Man löst 125 g Kupfervitriol und 60 g Kaliumchlorat in 1 l Wasser auf. Die metallisch blanken Zinkgegenstände werden in diese Lösung getaucht oder mittels Pinsel oder Bürsten überstrichen. Es erscheint alsbald ein zuerst hellerer, dann tief-schwarzer Belag, der nach dem Abspülen mit Wasser festhaftet. Eventuell kann das Verfahren wiederholt werden. Der mit Wasser abgespülte Gegenstand wird getrocknet, evtl. durch Abwischen mit Tüchern oder mit einer über Wachs gestrichenen Bürste behandelt. (Aus der verdünnten Kupferlösung schlägt sich auf dem Zink zuerst eine braunschwarze Legierung von Zink-Kupfer nieder, welche dann durch das Kaliumchlorat zu schwarzem Kupferoxyd oxydiert wird.) Die Farbschicht erscheint manchmal zuerst rötlich; sie wird aber bald schwarz; dann erst wird gespült und getrocknet.

Bei guter Vorbereitung genügt ein einziger Überzug; sollte eine Wiederholung nötig sein, so darf nicht früher gespült werden, bis die nunmehr sicher rotfleckig auftretende Färbung schwarz geworden ist. Nach erfolgtem Trocknen wird der Gegenstand entweder lackiert oder mit Wachs eingerieben.

Man erhält sehr gute Resultate, besonders auch auf matten, polierten, kleineren Gegenständen, wie z. B. Schnallen, Schließen usw. Man kann auch mit der Lösung Sägespäne tränken und im Rollfaß die Zinkgegenstände anrollen. Wendet man die Lösung warm an, so erhält man eine mehr braunschwarze Farbe. Trocknet man die geschwärzten Gegenstände auf einer heißen Eisenplatte, so wird der schwarze Überzug sehr festhaftend. (Siehe Anhang.)

53. An Stelle obiger Lösung wird zur Erzielung von verschiedenen Nuancierungen eine solche aus 100 g Kupfersulfat, 100 g Nickelsulfatammonium, 100 g Kaliumchlorat in 6—8 l Wasser empfohlen. Diese Lösung soll bei 60° C angewandt werden. Dieser Überzug verträgt auch eine ziemlich hohe Temperatur, bei welcher das Zinkblech fast so weich wie Bleiblech wird, ohne an seinem Äußeren zu leiden.

Man kann auch sehr zweckmäßig die trockenen, geschwärzten Gegenstände in eine Lösung von syrischem Asphalt in Benzol tauchen und dann mit etwas Baumwolle glänzend reiben.

54. Von E. Groschüff wird an Stelle der obigen Zusammensetzungen folgende Lösung angegeben: 10 g salpetersaures Kupfer, 100 g chlorsaures Natrium, 100 g salpetersaures Ammonium in 1 l Wasser. Die Färbung ist bei 100° C in 5—10 Minuten beendet. Für 5 m^2 Fläche ist 1 l Beize erforderlich.

55. Sehr schöne Schwarzfärbungen erhält man elektrolytisch (kathodisch) durch die sogenannten Schwarz-Nickelniederschläge nach dem Verfahren von K. Wetsch (Galvanostegische Schwarzbadniederschläge Dissertation, Technische Hochschule, München 1910). Das Bad enthält: 75 g Nickelsulfat, 28 g Zinksulfat, 24 g Ammoniumsulfat, 17 g Ammoniumrhodanid, 2 g Zitronensäure auf 1 l Wasser. Badtemperatur 21 bis 38°, Spannung 0,8—1 V, 10 cm Elektrodenentfernung, Anoden aus gegossenem Nickel. — Vor der Schwarzfärbung treten dabei verschiedene Farbtöne auf.

56. Kleinere, kunstgewerbliche Gegenstände kann man schön schwarz färben durch Bestreichen mit einer verdünnten Platinchloridlösung (teuer!).

57. Nach E. Groschüff erhält man durch eine Lösung von 1,2 g Kupfervitriol und 1,5 g übermangansaurem Kalium in 100 g Wasser, die nahe zum Sieden erhitzt wird, auf Zink eine glänzend schwarze festhaftende Färbung.

58. Ebenso in einer Lösung von 6,5 g selenige Säure, 12,5 g schwefelsaures Kupfer, 2,0 g Solpetersäure in 1 l Wasser.

59. Mit Molybdänlösungen erzielt man auch schöne Schwarzfärbungen (siehe Färben des Zinks durch dünne Beläge von Molybdän, Vorschrift 84).

60. Zink wird nach dem D. R. P. 230982 der Allgemeinen Elektrizitätsgesellschaft, Berlin, brüniert bzw. schwarz gefärbt, indem das Arbeitsstück in kaltem oder angewärmtem Zustande in die Lösung eines Kobaltsalzes getaucht oder eine solche aufgepinselt wird, worauf man schwächer oder stärker erhitzt. Die Nuance richtet sich nach der Höhe der Temperatur und der Zahl der Tauchungen.

61. Zink, Schwarzfärben nach dem Kobaltverfahren von J. Czochralski: ähnlich wie 60.

62. Dauerhafte schwarze Farbe auf Zink erhält man nach Ph. Neumann durch salpetersaures Mangan. Man bereitet eine Lösung von salpetersaurem Mangan, von einem spezifischen Gewicht von 1,125. Je nachdem das Salz trocken oder feuchter ist, braucht man 5—6 Teile auf 100 Teile Wasser. — Das Auftragen dieser Flüssigkeit kann entweder durch Eintauchen oder durch einen Pinsel usw. geschehen, nur muß man dafür Sorge tragen, daß eine möglichst gleichmäßige Flüssigkeitsdecke erreicht wird. Man läßt nun langsam über Kohlenfeuer, bei kleinen Gegenständen über einer Spiritus- oder Gasflamme, ein-

trocknen und erhitzt dann gleichmäßig noch so weit, bis an allen Seiten eine tief- und reinschwarze Farbe erzeugt ist. Das Verfahren muß mehrmals (7—8mal) wiederholt werden, wobei man das Stück jedesmal durch Waschen, Bürsten usw. von dem nicht festhaftenden Oxyd säubert. Hat nach der letzten Reinigung der Gegenstand die gewünschte tiefschwarze Farbe, so trocknet man ihn nochmals über dem Feuer und reibt ihn mit Leinölfirnis ab.

Der Überzug haftet äußerst fest auf dem Metall, verträgt Biegen und selbst Hämmern, ohne abzuspringen. Außerdem ist er widerstandsfähiger gegen Einflüsse der Luft und der meisten Säuren, wie der Kupferüberzug. Er besteht aus Mangansuperoxyd. Hat man kein salpetersaures Manganoxydul fertig zur Hand, so kann man sich dasselbe schnell herstellen, indem man eine konzentrierte Lösung von 138 Teilen schwefelsaurem Mangan mit einer ebensolchen von 130,5 Teilen salpetersaurem Baryum mischt. Man filtriert den entstandenen schwefelsauren Baryt von dem in Lösung befindlichen salpetersauren Mangan ab und bringt evtl. durch Verdünnen mit Wasser auf ein spezifisches Gewicht von 1,125. Außerdem kann man die Lösung auch durch Auflösen von kohlensaurem Mangan in verdünnter Salpetersäure herstellen. Der Schmelzpunkt des Zinks liegt hinreichend weit von der Zersetzungstemperatur des salpetersauren Manganoxyduls entfernt, daß das Schwarzbrennen des Zinks auf diese beschriebene Art möglich ist, wenn dabei auch einige Vorsicht notwendig erscheint.

36. Nach Dullo färbt man Zink schwarz durch einen Überzug von Antimon. Man löst 90 g Antimonchlorür (kristallisiert) in 800 g Weingeist und setzt 60 g Salzsäure zu. Mit dieser Lösung benetzt man mittels eines Pinsels oder einer Bürste den Gegenstand, worauf das Zink sofort schwarz wird. Die erste aufgetragene Lösung wird sofort mit einem Lappen abgewischt, weil sie eine noch nicht gleichmäßige Färbung bewirkt hat, und die Lösung noch einmal aufgetragen. Diese läßt man so schnell wie möglich an einem warmen Ort trocknen. Ist der Gegenstand trocken, so färbt derselbe nicht mehr ab; man reibt ihn nun 2—3mal mit Leinöl ab, wodurch er eine intensive schwarze Färbung und intensiven Glanz annimmt.

Das Antrocknen des metallisch niedergeschlagenen Antimons muß man deshalb beeilen, weil sich sonst das so fein verteilte Antimon an der Luft zu weißem Antimonoxyd oxydiert, welche Bildung durch den dünnen Überzug mit Leinöl verhindert wird. Zur Verdünnung des Antimonchlorürs wendet man deshalb Weingeist an, weil derselbe schneller trocknet und weil man dann nur wenig Salzsäure zusetzen muß, um die Ausscheidung von Antimonoxychlorid zu verhindern; bei Anwendung einer wässerigen Lösung müßte man zuviel Salzsäure zusetzen. Diese Methode gibt sehr schöne Resultate und ist besonders geeignet für Färbung teilweise geätzter Zinktafeln, zur Erreichung schwarzer Zeichnung.

64. Nach Ott dient zum Schwarzfärben von Zink folgendes Verfahren: 15 Teile Grünspan, 19 Teile Weinstein und 30 Teile Soda werden in Wasser gelöst. Mit dieser Lösung werden 160 Teile Pfeifenton angerührt und die Gegenstände mit dieser Masse eingerieben.

Oder:

65. Man reibt 15 Teile Kupfervitriol, 20 Teile Soda mit 32 Teilen Glyzerin zusammen, mischt mit 60 g Pfeifenton und trägt diese Masse auf.

66. Knaffl färbt Zink durch einen feinverteilten Niederschlag von Nickel. Die entsprechend gereinigten Zinkgegenstände werden in einer Lösung von 4 Teilen schwefelsaurem Nickelammonium in 40 Teilen Wasser, welches mit 1 Teil Schwefelsäure angesäuert ist, eingetaucht und nach dem Abspülen mit Wasser getrocknet. Der so gebildete Niederschlag haftet sehr fest auf dem Zink.

67. Zum Schwarzfärben der zu Dachdeckungen dienenden Zinkbleche benützt man eine Lösung, welche in 1 l Wasser 20,0 g Kupferchlorid enthält und mit Salzsäure schwach angesäuert ist; oder eine Lösung nach Böttger von 2,0 g salpetersaurem Kupfer, 3,0 g Kupferchlorid, 64,0 g Wasser und 8,0 g Salpetersäure.

68. Auch kann hierzu nachstehende Lösung dienen: 1 Teil Grünspan, 1 Teil Salmiak, 10 Teile Wasser. — In diese Flüssigkeit senkt man das gereinigte Zinkblech auf einige Augenblicke ein, spült mit Wasser ab, läßt an der Luft abtrocknen und taucht es dann gleichfalls nur auf wenige Augenblicke in eine Flüssigkeit, welche man durch Auflösen von 1 Teil schwarzem Pech und 2 Teilen syrischen Asphalts in 12 Teilen Benzol oder leichtem Steinkohlenteeröl erhält. Nach erfolgtem Trocknen des Harzüberzuges reibt man das Blech zur Hervorrufung eines gewissen matten Glanzes mit einem Stück Baumwollenzeug.

69. Zum Schwarzfärben und Hochätzen von Zink löst man 2 Teile kristallisiertes, salpetersaures Kupfer und 3 Teile kristallisiertes Kupferchlorid in 64 Teilen Wasser auf und fügt dieser Lösung 8 Teile Salzsäure von 1,1 spezifisches Gewicht zu. Taucht man in diese Flüssigkeit ein blank gescheuertes Zinkblech, so wird dasselbe augenblicklich intensiv samtschwarz gefärbt. Zieht man ein so behandeltes Zinkblech sogleich nach dem Eintauchen aus der Flüssigkeit wieder hervor, spült dasselbe schnell ohne allen Zeitverlust mit einer größeren Menge reinen Wassers ab und läßt es hierauf trocknen, so haftet der schwarze Überzug dem Zink sehr fest an. (Siehe Anhang.)

Legt man Zinkblech, auf dem man mit obiger Lösung Zeichnungen oder Schriftzüge erzeugt hat, nach dem Eintrocknen derselben in stark verdünnte Salpetersäure (1 Teil Salpetersäure, 1,2 spezifisches Gewicht, und 8 Teile Wasser) je nach Bedarf 1—3 Stunden, so wird hierdurch das Zink bis zu einer gewissen Tiefe weggeätzt, während die Schriftzüge stehen bleiben. Die schwarze Färbung besteht aus sogenanntem amorphem Messing, welches ca. 60 % Kupfer und 40 % Zink enthält.

70. Statt oben angegebener Kupferlösung kann man nach Böttger auch eine Lösung anwenden von: 1 Teil Platinchlorid, 1 Teil Gummi arabicum, 12 Teilen Wasser. — Es läßt sich hiermit Zink schön schwarz färben, ebenso lassen sich damit die feinsten Schriftzüge auf blankem Zink ausführen. Die Schriftzüge treten augenblicklich in samtschwarzer Farbe hervor und sind unverwischbar. Die Färbung besteht aus metallischem, fein verteiltem Platin. Den Platinüberzug kann man leicht vergolden durch Einlegen in eine Lösung von Goldzyanürzyankalium. Legt man ein so behandeltes Zinkblech dann in verdünnte Salpetersäure (1 Teil Säure von 1,2 spezifischem Gewicht und 16 Teile Wasser), so blättert sich das auf dem Zink befindliche Gold ab, während das auf dem Platinüberzug befindliche Gold fest haften bleibt.

Tinten zum Schreiben auf Zink.

Diese Tinten, welche zum Signieren von Zinkblech benützt werden, können auch mit der Schablone aufgetragen, oder wenn sie in konzentrierterer Lösung und mit verdickenden Zusätzen wie Glyzerin, Gummi, Dextrin usw. versetzt sind, in Form von Stempelfarben verwendet werden.

71. Man löst 37 g kristallisierten Grünspan und 37 g Salmiak in 500 g Wasser in der Wärme auf, filtriert

nach dem Erkalten und bewahrt in gut verschlossenen Gläsern auf. Man kann sowohl mit Kiel-, als auch mit Stahlfedern auf das wohlgereinigte Zink auftragen, worauf man die beschriebenen Stücke einige Stunden in Wasser legt; dann trocknet man.

Andere Zinktinten sind:

72. 30 Teile Grünspan, 30 Teile Salmiak, 8 Teile Kienruß, 8 Teile Gummi arabicum, 300 Teile Wasser.

73. 3 Teile chlorsaures Kalium, 5 Teile schwefelsaures Kupfer, 100 Teile Wasser, 1 Teil Essigsäure 1,04.

74. 1 Teil chlorsaures Kalium, 1 Teil Kupfervitriol, 18 Teile Wasser, 2 Teile Gummilösung.

75. 1 Teil Platinchlorid, 1 Teil Gummi arabicum, 12 Teile Wasser.

76. Grüngraue Patina auf Zink. Nach C. Puscher löst man 50 g unterschwefligsaures Natrium in ½ l kochenden Wassers, fügt 25 g Schwefelsäure hinzu, filtriert die Flüssigkeit vom ausgeschiedenen Schwefel ab und senkt die Zinkgegenstände ein. Nach sehr kurzer Zeit bildet sich ein hellgrüner, glänzender Überzug von Schwefelzink. Bei längerem Verweilen in dem Bade wird der Überzug tiefgrau und stark glänzend. Durch Eintauchen in sehr verdünnte Salzsäure verlieren diese emailleartigen Überzüge ihren Glanz. Durch Betupfen mit Salzsäure und darauffolgendes Eintragen in eine angesäuerte Lösung von Kupfersulfat wird ein schwarzer Niederschlag erhalten. (Siehe Anhang.)

77. Eine grüne Patina wird auf metallischem Zink ohne vorhergehende galvanische Verkupferung sehr leicht erzeugt durch Überziehen der gereinigten Zinkgegenstände zuerst mit einer verdünnten Lösung von salpetersaurem Kupfer und hierauf mit einer Lösung von kohlensaurem Ammonium. Man hat schon vor vielen Jahren auf diese Weise Zinkgegenstände mit einer Patina überzogen, welche seit jener Zeit sich völlig unverändert an der Luft erhalten hat, und kann daher dieses einfache Verfahren, den Zinkgegenständen eine kupferähnliche, ins Grüne ziehende Patina zu erteilen, als zweckmäßig empfohlen werden. Nur ist bei diesem Verfahren Bedingung, daß die Lösungen verdünnt angewendet werden und erst dann die Überstreichung mit kohlensaurem Ammoniak in Anwendung gebracht wird, wenn die Verkupferung vorher vollständig stattgefunden hat; werden die Lösungen zu konzentriert angewendet, so tritt sehr leicht der große Übelstand ein, daß die Gegenstände

eine schwarze Färbung annehmen, welche durch hierauf folgende weitere Behandlung nicht mehr fortzuschaffen ist. (Siehe Anhang.)

78. Sehr schöne Patinierungen erhält man auch, wenn man die Zinkgegenstände galvanisch mit Kupfer oder Messing überzieht, dann in sehr schwachen Essig taucht und in Räume stellt, in denen sich Kohlensäure entwickelt. Wenn man das Eintauchen öfters wiederholt und immer in die Kohlensäureatmosphäre stellt, so bildet sich nach längerer Zeit eine festhaftende Schicht von grüner Patina auf denselben, welche der antiken Patina sehr ähnlich ist.

79. Grüne Patina auf verkupfertem Zink. Gut verkupfertes Zink wird zuerst im Braunbad (siehe Vorschrift 36) dunkel gefärbt. Dann wird dieser Belag mit einer Lösung überpinselt, welche in 1 l Wasser 250 g Chlorammonium und 250 g kohlensaures Ammonium enthält. Man läßt die Flüssigkeit eintrocknen und wiederholt das Verfahren, bis genügend Grünpatina gebildet ist.

80. Zink mit Lüsterfarben zu überziehen. Man löst 45 g unterschwefligsaures Natrium in ½ kg Wasser und gießt in die Lösung eine solche von 15 g Bleiazetat in 250 g Wasser. Die klare Mischung besitzt, bis nahe zum Sieden erhitzt, die Eigenschaft, sich langsam zu zersetzen und Schwefelblei in braunen Flocken abzuscheiden. Ist nun zugleich ein Metall zugegen, so schlägt sich auf diesem ein Teil des Schwefelbleis nieder und erzeugt so, je nach der Dicke des abgesetzten Schwefelbleis, die Lüsterfarben. Um eine ganz gleichmäßige Farbe hervorzubringen, muß man die zu färbenden Gegenstände möglichst gleichmäßig erwärmen; dies ist dadurch zu erreichen, daß man das Gefäß mit der Salzlösung mit einem schlechten Wärmeleiter umgibt. Zink nimmt dabei eine bronzeartige Farbe an. Ich konnte mit dieser Vorschrift keine befriedigenden Resultate erhalten. (Siehe Anhang.)

81. Zink, besonders für Massenartikel, mit brillanten Farbenüberzügen zu versehen (Zinkiris). Bei diesen Verfahren bildet sich zuerst eine hauchdünne Verkupferung, die sich, begünstigt durch die alkalische Flüssigkeit, oxydiert nach Art der Anlauffarben (Farben dünner Blättchen).

Hierzu muß das Zink möglichst rein, besonders tunlichst bleifrei sein. Man reinigt kurz vor der Anwendung der Färbungsflüssigkeit die Gegenstände durch Scheuern mit ganz feinem, durch schwarze Salzsäure genetztem Quarzsand, taucht dann schnell in Wasser und trocknet mit weißem Fließpapier ab. So vorgerichtet lassen sich nun die verschiedenen Zinkbleche bei gewöhnlicher, mittlerer Temperatur durch einfaches Eintauchen in ein und dieselbe Flüssigkeit mit verschiedenen Farbennuancen versehen, je nachdem man dieselben längere oder kürzere Zeit darin verweilen läßt.

Die zur Verwendung kommende Lösung ist eine alkalische Lösung von weinsaurem Kupfer. 30 Teile weinsaures Kupfer löst man in einer Lösung von 40 Teilen Ätznatron in 480 Teilen destilliertem Wasser. Arbeitet man bei 10° C, so bedarf es einer Zeit von 2 Minuten, um das Zink violett zu färben. Bei einer Zeitdauer von 3 Minuten erhält man eine dunkelblaue Anlauffarbe, bei 4½ Minuten andauernder Eintauchung erscheint das Zink grün, bei 6½ Minuten goldgelb, bei 8½ Minuten purpurrot. Man spült schnell mit Wasser ab und trocknet. Läßt man länger im Färbebad, so verschwindet die letzte rote Farbe und an ihrer Stelle erscheint dann von neuem je nach der Zeitdauer die eine oder andere der vorhergenannten Farbennuancen. Mit dieser Vorschrift erhält man besonders auf hochpolierten kleinen Gegenständen sehr gute Resultate, insbesondere die Farben: gelblich, braun, rosa und grün. Einen Lack vertragen diese Färbungen nicht, sie werden dadurch braun.

82. Eine der vorhergehenden Vorschrift ähnliche Angabe von Lüdersdorff zur Erzeugung grüner Anlauffarben auf Zink lautet: Man bereitet eine Lösung, bestehend aus 30 Teilen Kupfervitriol, 30 Teilen Weinstein, 360 Teilen Wasser, 720 Teilen Natronlauge (1 Teil Ätznatron auf 3 Teile Wasser). Diese Lösung streicht man mittels eines Pinsels auf die Zinkgegenstände oder taucht ein und wartet dann den Zeitpunkt ab, wenn die Farbe am intensivsten zum Vorschein kommt; dann spült man sogleich ab. Wartet man zu lange, so geht die grüne Farbe in einen weniger angenehmen, bräunlich-grünen Ton über. Am besten gelingt die grüne Anlauffarbe auf matt gebeizten Gegenständen, auch auf solchen, die vorerst leicht verkupfert waren. Auf glänzenden Flächen nimmt sie nach dem Abtrocknen mehr das schillernde Aussehen der Flügeldecken des Goldkäfers an, ohne jedoch dieselbe Schönheit zu erlangen. Die Färbungen sind ganz ähnlich denen, die man mit voriger Lösung erhält; besonders schön fallen sie auf kleinen, polierten Zinkgegenständen (Massenartikel) aus; ist die gewünschte Farbe durch Tauchen erreicht, so muß sofort gespült werden. Die Färbungen

sind festhaltend, aber gegen Lacke empfindlich, z. B. Schellacklösungen, Zapon usw.

83. Mittels nachfolgender Lösung erhält man auf Zink Regenbogenfarben: 10 Teilen Kupfervitriol, 15 Teilen Rohrzucker, 50 Teilen Wasser, 300 Teilen Natronlauge (1 Teil Ätznatron, 3 Teile Wasser). In dieser Flüssigkeit nimmt Zink, wenn es rein und blank ist, nach einem vorangehenden Kupferanfluge in folgender Reihe die schönsten Regenbogenfarben an. Zuerst erscheint ein schönes Gelb, dann Rot, dann Violett, Blau und Grün. Läßt man das Zink über die grüne Farbe hinaus in der Flüssigkeit, so fängt nach deren Verschwinden die Farbenreihe von vorne an, und dies wiederholt sich einige Male, bis zuletzt der Ton mißfarbig wird. Eine Hauptbedingung für das Gelingen ist hier eine recht reine, glänzende Oberfläche, besonders wenn man die Gegenstände mit einer der Farben versehen will, indem im entgegengesetzten Falle mehrere zugleich erscheinen. Sollten die Farben nicht gleich erscheinen, so braucht man den Gegenstand nur einmal abzuspülen und abzutrocknen und wieder in das Bad hineinzulegen, um den Anlauf alsbald eintreten zu sehen. Ist die beabsichtigte Farbe erreicht, so muß man sofort den Gegenstand abspülen und abtrocknen. Wir erwähnen noch, daß die hier zur Verwendung kommenden Flüssigkeiten in gut verschlossenen Flaschen aufbewahrt werden müssen, da sie sonst durch Kohlensäureaufnahme aus der Luft unwirksam werden. Man erhält auf diese Art sehr schöne, brillante Färbungen.

84. Färben von Zink durch dünne Beläge von Molybdän. Wenn man Zink in 0,5—1 %ige Lösungen von molybdänsauren Salzen, z. B. Ammoniummolybdat taucht oder mit solchen Lösungen bestreicht, erhält man je nach der Dauer der Einwirkung verschiedene festhaftende, schöne Färbungen, von messinggelb, goldgelb, blau bis schwarz, welche eine weitgehende Anwendung finden können. Nach dem Deutschen Reichspatent 480 995 (1927 von Dr. Aladar Pacz in Cleveland, Ohio U. S. A., „Verfahren zum Überziehen und Färben von Metallen") wurde diese Färbungsmethode dadurch verbessert, daß die einfachen Molybdatlösungen verschiedene Zusätze erhalten, welche — wahrscheinlich infolge der Bildung von Komplexsalzen — wirken. Als Zusatzstoff für das Färben des Zinks kommen hauptsächlich Ammonsalze, z. B. Ammoniumsulfat, in Betracht, welche Patentschutz genießen. (Siehe Anhang.)

Nach einem weiteren Patent Nr. 510380 (1927 auch von Dr. Aladar Pacz) wurde auch der Zusatz von Ammonsalzen geschützt zu „Metallfärbungen mit Zinkkontakt oder auf elektrolytischem Wege".

Nach Beutel geben gemischte Ammonmolybdat-Thiosulfatlösungen auf Zink und anderen Metallen Niederschläge von überraschender Farbwirkung; es handelt sich um Oxydniederschläge.

85. Marmorfarbe auf Zink. Auf Zinkgegenständen lassen sich auf einfache Weise gelbe bis schwarze Flächen hervorbringen, die beim Polieren mit einem angefetteten Lappen tiefen Glanz annehmen. Das blanke Metall kommt in eine auf ca. 60° C erwärmte Lösung, welche in 1 l Wasser je 17 g Kupfervitriol, schwefelsaures Nickelammonium und chlorsaures Kalium enthält. Je nach der Dauer der Einwirkung bildet sich ein haltbarer Überzug, der aber nur mangelhaft haftet. Die Zinkgegenstände werden nun aus der Lösung entfernt, mit Wasser abgespült und in erwärmten Sägespänen getrocknet. Dann erfolgt die Politur mit Öl oder das Auftragen eines farblosen Lackes. (Siehe Anhang.)

86. Färbung von vernickeltem, graviertem Zinkblech. Wenn man vernickeltes und graviertes Zinkblech in die Schwarzbeize für Zink (siehe Vorschrift 69) legt, färben sich die gravierten Stellen, an denen das Zink bloß liegt, schön schwarz. Die nicht gravierten Stellen erhalten einen rötlichen Ton. Dieser ist teils durch Abwischen mit einem Tuche, teils durch leichtes Übergehen mit angefeuchtetem Bimsstein oder Seesandpulver leicht zu entfernen, ohne daß die Schwarzfärbung Schaden leidet.

Zierfärbungen.

Anschließend noch kurz über Zierfärbungen folgendes:

Unter Zierfärbung versteht man mehrfache Färbungen auf einer Metalloberfläche, z. B. ornamentale Zeichnungen auf andersfarbigem Grunde. Es wird entweder die erzeugte Metallfärbung stellenweise entfernt oder es werden Zeichnungen mit Lack überdeckt und dann die frei gebliebene Metalloberfläche gefärbt, so daß man nach Entfernung des Lackes durch Lösungsmittel z. B. helle Zeichnung auf schwarzem Grunde erhält. Nach Entfernung des Lackes kann man auch die blank gebliebene Zinkfläche z. B. verkupfern, so daß man dann rote Zeichnung auf schwarzem Grunde erhält.

10. Mechanische Metallfärbungen.

Bei der mechanischen Metallfärbung wird im Gegensatz zur chemischen Färbung die Farbwirkung nicht durch stoffliche, chemische Veränderung der Metalloberfläche selbst oder durch auf chemischem oder elektrochemischem Wege bewirkte feste Auflagerung färbender Stoffteilchen, sondern durch mechanisches Auftragen von farbigen Stoffen mit oder ohne Bindemittel hervorgerufen.

Hierbei muß der Metallcharakter gewahrt bleiben (Unterschied von farbigen Anstrichen mit Deckfarben!). Durch die mechanische Metallfärbung wird eine chemische Färbung nachgeahmt oder gleichsam vorgetäuscht; oft auch wird die chemische Metallfärbung dadurch nuanciert.

Das geschieht durch sehr dünnes Überziehen der blanken Metalloberflächen mit gefärbten, mehr oder weniger durchscheinenden Lacken, mit oder ohne Zusatz von Lasurfarben oder Lackfarben, welche im Gegensatze zu den Deckfarben der Anstriche durchscheinend sind. Das Färben des Metalls durch gefärbte Lacke gehört zu den ältesten Metallfärbungsverfahren und spielt auch heute noch, insbesonders bei den Erzeugnissen billiger Massenartikel, eine große Rolle.

Als Lacke kommen in Betracht: Spirituslacke wie z. B. Schellacklösungen, Kopallacke, Zaponlacke (= Nitrozelluloselacke), Zellonlacke (Azetylzelluloselacke) und Kunstharzlösungen, nach Art der Bakelite usw. Das Auftragen geschieht durch Tauchen, Anstreichen oder auch durch die moderne Spritztechnik. Für die mechanische Metallfärbung wird das Zink in blankem Zustand verwendet nach den bei der chemischen Metallfärbung beschriebenen Verfahren. — Ölfirnisse haften auf der blanken Zinkoberfläche nicht genügend; in diesem Falle muß diese zur Annahme des Anstriches vorbereitet werden; zu diesem Zwecke streicht man den Zinkgegenstand mit einer Lösung an, welche im Liter Wasser je 10 g Kupferchlorid, salpetersaures Kupfer, Chlorammonium- und Salzsäure enthält. Das Zink färbt sich tiefschwarz; nach dem Eintrocknen entsteht eine dunkelgraue Farbe, auf welcher jeder Anstrich gut haftet. An Stelle dieser Vorbereitungsarbeit kann auch die Aufrauhung der Zinkoberfläche durch das Sandstrahlgebläse erfolgen.

Färben mit gefärbten Lacken usw.

87. Als Farbstoffe, die in den entsprechenden Bindemitteln gelöst werden, kommen zur Verwendung: die natürlichen Lasur-

farbstoffe, wie Gummigutt, Drachenblutharz, Safran, Curcuma, Asphalt u. a., ferner Pikrinsäure, die zahlreichen Teerfarbstoffe.

Als Bindemittel kommen in Betracht: die alkoholischen Harzlösungen, z. B. Schellacklösungen, die Zelluloidlösungen (sogenannte Zaponlacke), Dammarlack, Kopallack, Bernsteinlack, Leinölfirnis, die verschiedensten Harzlösungen, dann Guttapercha und Kautschuklösungen in Chloroform, Benzol, Benzin usw., Waschlösungen und Pasten, Paraffinlösungen, Asphaltlack u. a.

Z. B. 120 g gebleichter Schellack wird in $1/2$ l Weingeist oder auch in Methylalkohol gelöst. Nach der Klärung oder dem Filtrieren wird der klare Lack verwendet; oder man verwendet eine Lösung von 1 Teil Dammarharz in 2 Teilen Terpentinöl.

Bezüglich der Teerfarben für gefärbte Weingeistlacke (Schellacklösungen) und Zaponlacke macht die I. G. Farbenindustrie A.-G., Ludwigshafen, folgende Angaben (die angegebenen Zahlen bezeichnen die für 1 l Spritlack nötigen Farbmengen):

Gelb- bzw. Goldfarbe: Auramin 00 2,5 g, Anilingelb 5 g, Chinolingelb A, spritlöslich, 7,5 g, Metanilgelb extra 5 g, Metanilgelb extra 4 g, Indulin N 1 g, Ölgelb R 5 g, Gelb II 10 g, Chrysoidin T 2,75 g, Auramin 00 1,25 g, Spritblau IV 1 g, Metanilgelb extra 4 g, Ponceau RA 2 g, Indulin N 0,5 g, Autolorange Pulver 1,5 g, Gelb II 1 g.

Orange: Azoflavin II 1,25 g, Safranin 0 für Spritlack 0,25 g, Ponceau RA 3 g, Auramin 00 1 g, Indulin N 0,25 g, Chrysoidin T 5 g, Autolorangepulver 5 g, Ölrot G 3 g, Autolorangepulver 1,25 g, Ponceau RA 1,25 g, Mahagoni hell 5 g, Spritscharlach G 5 g.

Rot bzw. rosa: Phloxin BBN extra 5 g, Safranin MN 0,5 g, Rose bengale AF 10 g, Phloxin BBN extra 10 g, Safranin 6 für Spritlack 4 g, Auramin 00 1 g, Spritscharlach B 10 g, Vesuvin 000 L 4,5 g, Lackschwarz extra 0,5 g, Ponceau RA 2 g, Mahagoni dunkel 10 g, Rhodamin B extra 1 g, Safranin MN 1 g, Phloxin GN 15 g, Safranin 0 für Spritlack 5 g, Safranin MN 7,5 g, Rhodamin B extra 5 g, Vesuvin 000 L 10 g, Rhodamin B extra 3 g, Chrysoidin T 3 g, Ölrot B 5 g, Rhodamin 3 G extra 5 g, Rhodamin 6 G extra 5 g.

Grün: Neptunblau BGHH 2 g, Chinolingelb A, spritlöslich, 3 g, Brillantgrün extra 5 g, Diamantgrün B 10 g, Spritgrün II 10 g, Spritgrün III 10 g, Spritgrün IV 10 g, Lackschwarz B extra 4,5 g, Auramin 00 3 g.

Blau und violett: Spritblau T 1 g, Spritblau T 0,3 g, Brillantgrün extra 0,2 g, Viktoriablau BSS 2,5 g, Spritblau T 5 g,

Indulin N 10 g, Viktoriablau 4 R 10 g, Parme, spritlöslich, 5 g, Safranin MN 9,5 g, Viktoriablau BSS 0,5 g, Safranin MN 9 g, Viktoriablau BSS 1 g, Methylviolett B extra 7,5 g, Methylviolett 6 B extra 5 g, Brillantgrün extra 3,5 g, Viktoriablau BSS 1,5 g, Viktoriablau BSS 10 g, Spritblau IV 5 g, Brillantgrün extra 3,5 g, Viktoriablau BSS 3 g, Lackschwarz extra 0,75 g, Vesuvin 000 L 0,25 g, Safranin 0 für Spritlack 0,25 g.

Schwarz und dunkelblau: Altgrün, spritlöslich, 10 g, Lackschwarz MBG 2,95 g, Diamantgrün G 0,05 g, Lackschwarz extra 3 g, Vesuvin 000 L 1 g, Safranin 6 für Spritlack 1 g, Lackschwarz extra 3 g, Vesuvin 000 L 1 g, Lackschwarz MBG 2,85 g, Diamantgrün G 0,15 g, Dunkelolive G, spritlöslich, 5 g, Dunkelolive B, spritlöslich, 5 g, Lackschwarz extra 15 g, Lackschwarz M 15 g, Lackschwarz MBG 15 g, Lackschwarz MBGG 15 g.

Braun: Mahagoni dunkel 10 g, Vesuvin 000 L 3 g, Lackschwarz extra 3 g, Safranin 0 für Spritlack 2 g.

Hellbraun siehe Orange.

Gefärbte Zaponlacke. Hierüber macht die I. G. Farbenindustrie A.-G. folgende Angaben:

Zum direkten Färben von Zaponlack eignen sich alle für die Spirituslacke angegebenen spirituslöslichen Teerfarben (siehe Übersicht 87) mit Ausnahme der Lackschwarz- und Spritblau-Marken, die zunächst in Alkohol gelöst und dann dem Zaponlack zugesetzt werden.

Die Löslichkeit dieser Produkte hängt von der Qualität des Zaponlackes ab, der im Handel bekanntlich in verschiedenen Zusammensetzungen vorkommt, und es ist daher jeweils zu prüfen, ob für die vorliegende Qualität die spritlöslichen Farbstoffe direkt verwendet werden können. Eventuell müssen die Farbstoffe in gleicher Weise wie Lackschwarz und Spritblau zunächst in Alkohol gelöst werden, welche Lösung alsdann zum Färben des Zaponlackes Verwendung finden kann.

Als weitere Marken, die sich direkt in Zaponlack lösen, seien genannt: Typophorgelb FR, Typophorbraun FR und Typophorkarmin FB, ferner können verarbeitet werden die sogenannten Farbbasen, z. B. Methylviolettbase usw., die jedoch zuerst mit Kolophonium verschmolzen werden; diese Schmelze dient dann zum Färben des Zaponlackes. Die Farbbasen können auch zuerst in Eisessig oder in Nitrobenzol gelöst werden; letzteres Produkt ist aber giftig, worauf besonders aufmerksam gemacht sei.

88. Gelbe Farben — Goldlacke. Man benützt mit den in Übersicht 87 verzeichneten Teerfarbstoffen gefärbte Schellack- oder Zaponlösungen.

89. Nach Dr. Perls Verfahren wird eine Imitation vergoldeter Waren auf folgende Weise hergestellt: Die Gegenstände werden zuerst in Zelluloidlösung (Zapon) getaucht und getrocknet. Hierauf kommen dieselben in eine mit Alizarinfarben gefärbte Zelluloidlösung (Färbebad); diese Färbung ist sehr festhaftend, selbstredend aber nicht lichtbeständig. Für Färbungen eignen sich auch mit Asphalt gefärbte Zaponlösungen.

Nach dem Tauchverfahren zum Vernieren von Metallen von J. Perl, Berlin, D. R. P. 84 450, wird ein Goldlack für Metalle hergestellt (in allen Farben). Das Verfahren besteht darin, daß die mit farblosem Lack überzogenen (insbesondere Zapon) und darauf getrockneten Gegenstände mit einer Farbe, bestehend aus einer Lösung von Alizarinfarbstoffen mit oder ohne Zusatz von Anilin- oder Pflanzenfarbstoffen in starkem Alkohol, durch Tauchen imprägniert und sodann von der überschüssigen Farbflüssigkeit durch Eintauchen in eine den Überzug nicht lösende Waschflüssigkeit befreit werden.

Goldlack. (Alte Vorschrift.)

90. 20 g gebleichter Schellack, 4 g Sandarak, 4 g Mastix, 2 g Drachenblut, 0,5 g Krokus, 0,2 g Anilingelb, 2,5 g Gummigutt werden mit 150 g Alkohol (96 %) übergossen, einige Tage digeriert, dann filtriert.

91. Oder 16 g gebleichter Schellack, 4 g Drachenblut, 1 g Curcuma, 300 g Alkohol (96 %).

92. Auch mit konzentrierter alkoholischer Pikrinsäurelösung erteilt man der Schellacklösung schöne gelbe Farbe.

93. Der englische Goldlack besitzt den Übelstand, daß die mit ihm gefärbten Gegenstände ihre Farbe am Tageslicht einbüßen. Der weiter zu beschreibende Goldlack besitzt diesen Nachteil nicht, und die mit ihm gefärbten Gegenstände besitzen mehr Feuer als die mit dem englischen Lack gefärbten. Das Prinzip dieser Färbung beruht darauf, daß Kupferoxyd in Oxydul übergeführt wird; je weiter das Kupferoxyd desoxydiert wird, um so dunklere Nuancen erhält man, was nach Belieben zu erreichen ist.

Zur Herstellung verfährt man wie folgt: Kupferazetat wird gelinde im Wasserbade erwärmt, bis es Wasser und einen Teil Essigsäure verloren hat, d. h. bis es in wasserfreies basisches Salz übergegangen ist. 5,0 g dieses Produktes von bräunlichgelber Farbe werden mit Terpentinöl zu einem dünnen Brei angerührt, dann mit 15 g Kopallack versetzt und unter Umschütteln so lange gelinde erwärmt, bis Lösung eingetreten ist. Diesen Lack streicht man dünn auf die betreffenden Metallgegenstände und erwärmt im Luftbade oder über einer Asbestplatte. Es erscheint zuerst je nach der Höhe der Temperatur eine grüne, dann gelbe, goldgelbe, zuletzt eine braune Farbe, so daß man es in der Hand hat, verschiedene Nuancen zu erzielen (Kupferoxydul).

94. Alte Zinkguß- usw. Gegenstände, die schon bronziert oder lackiert waren, werden mit Natronlauge behandelt und, falls nicht alles abgeht, die betreffenden Stellen mit einem Gemisch von Weingeist und Terpentinöl abgerieben.

95. Bei neuen Zinkgegenständen ist es vorteilhaft, sie vor dem Bronzieren durch Eintauchen in mit Salzsäure versetztem Wasser dunkel zu färben, größere Gegenstände bestreicht man damit. Das Wasser kann man so ansäuern, daß die Gegenstände blauschwarz werden; in diesem Falle muß mit viel Wasser abgespült werden; überhaupt ist darauf zu achten, daß das Bad nicht zu stark ist und zerstörend auf das Zink wirkt; die Gegenstände darf man nur ganz kurze Zeit in dem Bade lassen, daß nur die äußere Schicht davon angegriffen wird.

96. Zink gibt man Goldbronze durch Auftragen von Firnisfarbe und Aufstreichen oder Aufstauben von Blattgold, Musivgold oder Goldbronze.

97. Zink erhält eine Kupferbronze, wenn man es zuerst mit einer braunen Lack- oder Firnisfarbe überzieht. Ist diese fast trocken, so streicht oder stäubt man, wie bei jeder anderen Bronze, Kupferbronze auf dieselbe auf. Auch kann man Kupferbronze mit Spirituslack mischen und zugleich mit dem Lack auftragen.

98. Die braune, kupferähnliche Bronze für Zinkgegenstände erhält man mit Spirituslack, welchem man durch Beimischen von mit Spiritus abgeriebener Farbe den kupferähnlichen braunen Ton gibt. Die Zinkgegenstände müssen vollständig blank sein. Durch Überbürsten, Abkratzen mit einer feinen Kupferbürste erhalten dieselben einen rötlichen Überzug, welchen man mit einem farbigen, aber leichten Spirituslack überlackiert.

99. Grüne Bronze kann auf Zink nur durch Auftragen von einem grünen, mattglänzenden Bronzelack oder durch Auftragen von grüner Firnisfarbe erzeugt werden. Für das Grün zur Bronzefarbe mischt man am besten Frankfurter Schwarz und Chromgelb.

100. Kleinere Gegenstände aus Zinkguß können nur mittels der besten und fettesten Lacke bronziert werden, da weniger gute und weniger fette Lacke bewirken, daß die Gegenstände zu rasch durch das Wasser zerstört werden. Sind sie aus Sandform gegossen, müssen sie gut ziseliert worden sein. Sollen große Zinkgußgegenstände, wie Kronleuchter usw., bronziert werden, so ist, wenn der Guß gelungen ist, ein Ziselieren nicht nötig, da bei Lackbronzen größerer Gattung vieles Unglatte, Unsaubere verdeckt wird.

Bei dem Bronzieren von ornamentalen und monumentalen Zinkgußgegenständen durch Lackfarben dürfen diese nicht hochglänzend sein, es muß vielmehr ein mattglänzender, ruhiger Ton herrschen; durch das Aufstäuben und Aufwischen von metallischer Bronze wird wohl, wenn die Lackfarbe glänzt, der Glanz gemildert, schöner ist es jedoch immer, wenn solcher nicht vorhanden ist.

Das Bronzieren mit Lackfarben oder durch Auftragen verlangt vor allem Übung sowie Schönheitssinn und Geschmack, um immer den richtigen Ton in den Farben zu treffen. Bei allen angeführten Farben können Nuancierungen vorgenommen werden, und man muß immer, je nach dem Gegenstande, stets das Richtige zu treffen wissen. Beim Bronzieren mit metallischem Gold, Rot oder Silber, wo der Gegenstand nur schön aussieht, wenn er in der Tiefe dunklere Farben hat und nur die Höhen durch eine hellere Bronze hervorleuchten, muß eben verstanden werden, ein allmähliches Übergehen vom Dunklen zum Hellen hervorzubringen und die Nuancierung natürlich darzustellen: hierzu gibt es aber keine Anleitung, sondern oft eigene Kunstgriffe, und vor allem ist da die Praxis die beste Lehrmeisterin. Nach Hartmann bronziert man die Metalle am schönsten, wenn sie sich in ganz blankem Zustande befinden, und man kann durch geschicktes Auftragen der Bronze mittels eines weichen Pinsels und Verreiben derselben gewissen Stellen einen stärkeren und anderen einen schwächern Glanz erteilen, wie es eben die Beschaffenheit der betreffenden Fläche fordert. Es wird auch empfohlen, die zu bronzierenden Metallgegenstände sehr leicht mit Leinöl einzureiben und die Bronze aufzutragen. Es ist nun allerdings wahr, daß in diesem Falle die Bronze viel leichter und besser haftet, als an der blanken Metallfläche, aber infolge der Einwirkung der im Öl enthaltenen Fettsäuren verliert der Bronzeüberzug bald seinen Glanz und wird grün, indem sich ölsaures Kupferoxyd bildet.

101. Mit Vorteil werden in der Metallfärbung die neuen Bakelitelacke verwendet, welche von der Bakelite G. m. b. H., Berlin W 35, je nach dem Verwendungszwecke in verschiedenen Arten und Farben geliefert werden. Bakelit ist ein Kunstharz, und zwar ein Kondensationsprodukt aus Phenol und Formaldehyd, welches in verschiedenen Lösungen (Bakelit A, B und C) geliefert wird. Diese Harzlösungen, welche auch Korrosionsschutz gewähren, werden auf das blanke Zink aufgetragen, entweder durch Anstreichen oder Spritzverfahren, und nach dem Antrocknen in Trockenöfen bei Temperaturen zwischen 60—150° C gehärtet. Man erhält entweder transparente, goldgelbe bis braune Überzüge oder auch schwarze Beläge. Die Bakelite G. m. b. H. gibt Anweisungen zum Gebrauche.

11. Behandlung der gefärbten Gegenstände.

Die aus dem Färbebad genommenen Gegenstände werden mit viel reinem Wasser gespült und gegebenenfalls — wenn das Bad säurehaltig war — durch verdünnte Sodalösung gezogen. Soweit bei den einzelnen Färbevorschriften nichts anderes angegeben ist, werden die Gegenstände dann schnell zwischen reinen Sägespänen trocken gerieben, evtl. im Trockenschrank bei 90—100° C getrocknet.

Auf das Waschen ist große Sorgfalt zu verwenden, da zurückbleibende Reste der Färbeflüssigkeiten leicht Flecken verursachen. In der Regel erscheinen die Färbungen nach dem Trockenreiben dunkler als auf dem nassen Gegenstande.

Chemisch gefärbte Metallgegenstände erscheinen, wenn sie nicht gerade hochpoliert waren, unmittelbar nach der vorbeschriebenen Trocknung mit einem gewissen matten kalten Ton und müssen in den meisten Fällen durch geeignete Nachbehandlung verschönert werden. Das matte Aussehen von nicht nachbehandelten Färbungen rührt daher, daß nach der Färbung die durch sie veränderten aufgerauhten, kleinsten Teilchen der Oberfläche eines gewissen Zusammenhanges und einer gewissen Ordnung in ihrer Lagerung entbehren, wodurch sie unserem Auge eine optisch nicht kontinuierlich wirkende, somit matte Fläche darbieten. Die Nachbehandlung bringt also die Teilchen gewissermaßen in Ordnung, woraus sich dann die optisch befriedigende Wirkung ergibt. Außerdem gewährt die Nachbehandlung der gefärbten Metalloberfläche besseren Schutz vor atmosphärischen Einflüssen.

Die Nachbehandlung der Färbung erfolgt je nach ihrer Widerstandsfähigkeit durch Bürsten (weichere oder härtere Borsten- oder Metalldrahtbürsten), mit Tüchern, Filz, mit dem Schwabbel, evtl. mit dem Polierstahl unter Anwendung von Seifenwurzelabkochung.

Wird Wert darauf gelegt, daß eine Metalloberfläche ihr Aussehen behält, daß also matte Flächen matt bleiben, und glänzende Flächen glänzend, so behandelt man sie mit einem farblosen Lack, z. B. Zaponlack; der Gegenstand wird hierbei schwach angewärmt und mit einem Pinsel oder durch Eintauchen zaponiert.

Um einem Gegenstand einen warmen Ton, jedoch ohne besonderen Glanz, zu geben, behandelt man ihn mit Wachs, das man am besten mit der Bürste aufträgt. Andere Mischungen, die zum Teil mit der Bürste, zum Teil mit dem Pinsel oder Wolltuch aufgestrichen werden können, sind folgende:

I. 1 Teil Bienenwachs gelöst in 15 Teilen Benzol.

II. 1 Teil Kernseife, 3 Teile japanisches Wachs (d. i. Japantalg) oder Bienenwachs und 20 Teile Wasser werden zusammen gekocht und dann unter öfterem Umrühren erkalten gelassen.

III. 1 Teil Bienenwachs wird in 2 Teilen heißem Terpentinöl gelöst.

Zur Erzielung eines besonderen Glanzes benutzt man Lacke und Firnisse, die evtl. gefärbt werden, z. B. gelb mit Pikrinsäure, rot mit Drachenblut; andere Lackfärbungen erzielt man durch verschiedene spirituslösliche Teerfarben siehe 87.

Als einfachster Lack für Metallgegenstände dient eine Schellacklösung in Weingeist, der man, um das Sprödewerden zu verhindern, etwas Rizinusöl zusetzen kann.

1. Metallack: 100 g gebleichter, grob gepulverter Schellack, 500 g Alkohol (90—96 %) werden in eine gut verschließbare Flasche gegeben und unter öfterem Schütteln so lange stehen gelassen, bis alles gelöst. Man läßt dann ein paar Tage absetzen und filtriert. Zu dem Filtrate gibt man ca. 20 Tropfen Rizinusöl.

Manche setzen auf obige Menge noch 2 g in wenig Weingeist vorher aufgelöste Borsäure zu.

2. Lack nach R. Kaiser: 200 g gebleichter Schellack, 800 g Alkohol (96 %), 100 g Elemi und 25 g venetianischen Terpentin.

3. Biegsamer Lack nach R. Kayser: 100 Teile weingeistige Schellacklösung nach 1, 5 Teile venetianischen Terpentin und 20 Teile Spiköl.

4. Farblose Lacke: 125 g Sandarak, 20 g Kampher, 200 g Alkohol (96 %) und 35 g venetianischen Terpentin.

5. Sehr gute Dienste leistet auch der von G. Buchner angegebene Lack: 80 g harzsaures Manganoxydul, 170 g Benzol und 50 g Kopallack. — Diesen Lack kann man beliebig mit in Benzol löslichen „Anilinfettfarben" (10—15 g auf obige Menge) färben.

12. Wirtschaftlichkeit der Nachbehandlung.

Der Umfang der Nachbehandlungsarbeiten wird — so wie die Färbung selbst — von dem Verwendungszweck des Gegenstandes und von dem Preis, der sich für die Arbeit erzielen läßt, abhängen. Man wird aus diesem Grunde z. B. bei Bauteilen, die ja billig sein müssen, meist auf eine komplizierte Nachbehandlung verzichten.

13. Gesundheitsschutz bei der Metallfärbung.

Soweit die anzuwendenden Chemikalien gesundheitsgefährlich sind, bestehen für ihre Verwendung gewerbepolizeiliche Vorschriften, die zu beachten sind. Ferner sei verwiesen auf die Gefährdung von Textilien (Kleidern) durch manche der angegebenen Chemikalien, insbesondere durch Säuren, Laugen, Lacke usw. Säureflecken werden zur Neutralisation mit Salmiakgeist, Laugenflecken mit verdünnter Essigsäure betupft.

Anhang
samt einigen ergänzenden Färbevorschriften.

(Herausgegeben anläßlich einer Ausstellung von Färbemustern auf der Beratungsstelle des Zinkwalzwerksverbandes auf der Leipziger Frühjahrsmesse 1932. — Die Färbemuster sowie die Vorschriften 110 bis 115 c stammten von der Staatlichen Höheren Fachschule für Edelmetall-Industrie, Schwäbisch-Gmünd (Ing. Hugo Krause), die Muster zu Vorschrift 84 von der Metallbildnerei MHT, Berlin NO 18, Landsberger Allee 39.)

Zu Vorschrift 1: Diese Färbung wird ohne Weinstein dunkler, mit Weinstein heller.

Zu Vorschrift 5: Kann auch ohne Zusatz von Ätznatronlösung ausgeführt werden und wird dann wesentlich dunkler.

Zu Vorschrift 18: Wenn helle Farbe gewünscht wird, ist etwas mehr Zusatz von Salmiakgeist zu empfehlen, als in Vorschrift 1 angegeben ist.

Zu Vorschrift 33: Bei kürzerer Einwirkung der Patinierungsflüssigkeit wird die Färbung braun, bei längerer Einwirkung grünlich-braun.

Zu Vorschrift 38: Die hier beschriebene graubraune Altfärbung ist auch als Grundierung für die Grünfärbung nach Vorschrift 115 (siehe Anhang) geeignet.

Zu Vorschrift 42: Die Ausführung dieser Vorschrift ist ziemlich teuer.

Zu Vorschrift 43: Diese Färbung ändert den Metallcharakter sehr stark und gleicht mehr einem Farbanstrich.

Zu Vorschrift 52: Diese Vorschrift ergibt gute Schwarzfärbung mit braunem Stich; ein tieferes Schwarz läßt sich nach Vorschrift 110 (siehe Anhang) erzielen.

Zu Vorschrift 69: Diese altsilberähnliche Färbung haftet nicht besonders gut, wenn die in der Vorschrift angegebene Vorsichtsmaßregel nicht genau befolgt wird. Jedoch läßt sich derselbe Effekt auch mit anderen Schwarzfärbungen erzielen.

Zu Vorschriften 76 und 77: Beide Vorschriften sind schwer durchzuführen. Grünfärbungen erzielt man besser nach Vorschrift 115 (Anhang).

Zu Vorschrift 80: Diese Vorschrift ergibt stumpfe Färbungen; bessere Wirkungen lassen sich auf schwach vernickeltem Zinkblech erzielen. Ebenso Vorschrift 81 und 82.

Zu Vorschrift 84: Ammonium-Molybdat, mit dem sich billig und einfach die verschiedensten Färbungen herstellen lassen, kann zum Preise von etwa RM 10,— pro kg (unverbindlich) von der Firma Dr. L. C. Marquart A.-G., Chemische Fabrik, Beuel a. Rh., bezogen werden.

Zu Vorschrift 85: Diese Vorschrift ergibt schwarzen Grund. Marmorierungen lassen sich besser nach den Vorschriften 111 und 112 (Anhang) ausführen.

Weitere Färbevorschriften.

110. Schwarzfärbung mit einer Lösung von 60 g Kalium- oder Natriumchlorat und 30 g Kupfernitrat im Liter. Die Gegenstände werden in die kalte Lösung getaucht oder auch diese mit Pinsel oder Schwamm aufgestrichen.

111. Schwarzfärbung mit Kupfernitrat-Lösungen verschiedener Verdünnung. Mit Pinsel oder Schwamm getupft.

112. Marmorierung auf der Schwarzfärbung nach Vorschrift 111. Rote Flecken werden durch Betupfen mit konzentrierterer Kupfernitrat-Lösung erzeugt; diese werden dabei rauh und halten beim Abreiben mit einem Lappen mit Polierrot dieses zurück; grüne Flecken kann man ebenso mit Chromgrün herstellen.

113. Schiefergraue Färbung. Die Bleche werden zuerst mit einem Lappen mit ganz wenig Wachs evtl. auch Öl leicht überrieben und dann mit Kupfernitrat-Lösung gestrichen.

114. Irisierende Färbung erzielt man mit einer Lösung von 1 g Kupfernitrat im Liter.

115a. Matte Grünfärbung erzielt man auf Schwarzgrundierungen, die man mehrmals mit einer Lösung von Kaliumchromat oder -bichromat betupft und auftrocknen läßt.

115b. Mattes Olivgrün und andere Tönungen erzielt man folgendermaßen: Man betupft mit einer verdünnten Kupfernitratlösung, evtl. auch mit anderen Kupfersalzlösungen, z. B. Kupferchlorid, und läßt auftrocknen; auf dieser Grundierung bildet sich ein mehr oder weniger dicker weißer Beschlag, wodurch die in Vorschrift 115a genannte Grünfärbung mit Kaliumchromat oder -bichromat andere Tönungen erhält.

115c. Grünfärbung nach Vorschrift 115a, jedoch mit Eisenchlorid-Lösung nach Vorschrift 38 grundiert.

Druck von Siegfried Scholem, Berlin-Schöneberg

FSC
www.fsc.org
MIX
Papier | Fördert gute Waldnutzung
FSC® C083411

Zeitfracht Medien GmbH
Ferdinand-Jühlke-Straße 7
99095 Erfurt, Deutschland
produktsicherheit@kolibri360.de